U0255315

高等院校"十四五"经济管理类课程实验指导丛书

应用时间序列分析实验指导

EXPERIMENTAL
GUIDANCE OF
APPLIED
TIME
SERIES
ANALYSIS

主　编◎米国芳　郭亚帆　海小辉

副主编◎王春枝　于　扬　陈志芳

经济管理出版社

ECONOMY & MANAGEMENT PUBLISHING HOUSE

图书在版编目（CIP）数据

应用时间序列分析实验指导/米国芳，郭亚帆，海小辉主编．—北京：经济管理出版社，2020. 12
ISBN 978-7-5096-7455-0

Ⅰ．①应…　Ⅱ．①米…　②郭…　③海…　Ⅲ．①时间序列分析—实验　Ⅳ．①O211.61-33

中国版本图书馆 CIP 数据核字（2020）第 245455 号

组稿编辑：王光艳
责任编辑：丁光尧
责任印制：黄章平
责任校对：张晓燕

出版发行：经济管理出版社
　　　　　（北京市海淀区北蜂窝 8 号中雅大厦 A 座 11 层　100038）
网　　　址：www. E-mp. com. cn
电　　　话：（010）51915602
印　　　刷：北京晨旭印刷厂
经　　　销：新华书店
开　　　本：787mm×1092mm/16
印　　　张：12. 25
字　　　数：298 千字
版　　　次：2022 年 7 月第 1 版　　2022 年 7 月第 1 次印刷
书　　　号：ISBN 978-7-5096-7455-0
定　　　价：48. 00 元

《经济管理方法类课程系列实验教材》编委会

编委会主任　　杜金柱　王春枝

编委会委员　　（按姓氏笔画排序）

王志刚　王春枝　冯利英

巩红禹　孙春花　刘　佳

米国芳　刘　勇　吕喜明

陈志芳　陈利国　李明远

李国晖　郭亚帆　雷　鸣

总序
General order

随着各种定量分析方法在经济管理中的应用与发展，各高校均在经济管理类各专业培养计划的设置中增加了许多方法类课程，如统计学、计量经济学、时间序列分析、金融时间序列分析、SPSS 统计软件分析、多元统计分析、概率论与数理统计等。对于这些方法类课程，很多学生认为学起来比较吃力，由于数据量较大、计算结果准确率偏低，学生容易产生畏难情绪，这影响了他们进一步学习这些课程的兴趣。事实上，这些课程的理论教学和实验教学是不可分割的两个部分。其理论教学是对各种方法的逐步介绍，而仅通过理论教学无法对这些方法形成非常完整的概念，所以实验教学就肩负着引导学生实现理性的抽象向理性的具体飞跃，对知识意义进行科学的建构，对所学方法进行由此及彼、由表及里的把握与理解的任务。

通过借助于专业软件的实验教学，通过个人实验和分组实验，学生能够体验到认知的快乐、独立创造的快乐、参与合作的快乐等，从而提高学习兴趣。

此外，在信息时代，作为数据处理和分析技术的统计方法日益广泛地应用于自然科学和社会科学研究、生产和经营管理及日常生活中。国内很多企业开始注重数据的作用，并引入了专业软件作为定量分析工具，掌握这些软件的学生在应聘这些岗位时拥有明显的优势。学生走上工作岗位后，在日常工作中或多或少地会有处理统计数据的工作，面对海量的数据，仅凭一张纸和一支笔是无法在规定的时间内准确无误地完成工作的。我们经常会遇到学生毕业后回到学校向老师请教如何解决处理统计数据问题的情况，如果他们在学校里经过系统的实验培训与学习，这些问题将会迎刃而解。这也是本系列教材出版的初衷。

本系列教材力求体现以下特点：

第一，注重构建新的实验理念，拓宽知识面，内容尽可能新且贴近财经类院校的专业特色。

第二，注重理论与实践相结合，突出重点、详述过程、淡化难点、精炼结论，加强直观印象，立足学以致用。

感谢经济管理出版社的同志们，他们怀着极大的热情和愿望，经过反复论证，使这套系列教材得以出版。感谢参与教材编写的各位同仁，愿大家的辛勤耕耘收获累累硕果。

杜金柱
2021 年 11 月于呼和浩特

前言
Preface

所谓时间序列，就是按照时间的顺序将一组有序的随机变量记录下来。对时间序列进行观察、研究，寻找其变化发展的规律，预测其将来的走势就是时间序列分析。在日常生产、生活实践中，时间序列随处可见，因此，时间序列分析有着非常广泛的应用领域。

作为数理统计学的一个分支，时间序列分析遵循数理统计学的基本原理，即利用样本观察值信息估计和推断总体的性质。但是由于时间的不可重复性，在任意一个时刻，我们只能得到时间序列的一个样本观察值，这也是时间序列数据区别于截面数据的特殊性所在。正是时间序列数据的这种特殊结构，导致对其进行分析就需要一套特殊的、自成体系的方法。

随着计算机技术的飞速发展，越来越多的软件可以用于时间序列分析。为了帮助初学者掌握运用时间序列分析的基本方法，熟悉借助 EViews 软件建立和应用时间序列模型的基本技能，编写了这本学习时间序列的入门实验教程。本教程主要适合统计学、应用统计学、应用经济学等相关专业本科生和初学者，用于时间序列分析实验课辅助学习。因此，本教程在内容上既包括时间序列基本理论（实验原理），也包括相关知识点的实验案例（教学案例），同时，在每一章也提供了综合案例和供学生课后练习使用的练习案例。

本教程主要内容包括六章：第 1 章，导言，主要介绍时间序列的基本概念以及 EViews 软件基本操作指南；第 2 章，时间序列的预处理，包括时间序列平稳性检验以及纯随机性检验的 EViews 实现方式；第 3 章，平稳时间序列分析，主要包括 ARMA 模型的建立、参数估计、模型和参数的显著性检验以及预测等过程的软件实现方式；第 4 章，介绍提取非平稳时间序列确定性信息的系列方法，如移动平均法、指数平滑法以及季节指数法等；第 5 章，非平稳时间序列的随机分析将差分运算与 ARMA 模型建模结合起来，介绍提取非平稳时间序列信息更加充分的 ARIMA 模型的建模过程；第 6 章，多元时间序列建模与分析，包括时间序列平稳性检验的单位根方法、协整检验以及误差修正模型的构建等内容。

本教程第 1 章和第 5 章由米国芳和王春枝编写，第 2 章和第 3 章由郭亚帆和陈志芳编写，第 4 章由海小辉编写，第 6 章由于扬编写，傅楷涵也参与了案例编写工作。各章内容都经过反复讨论和多次修改，最后由米国芳和郭亚帆负责统稿。

本书的编写得到了内蒙古财经大学教务处以及统计与数学学院各位领导和老师的大力支持与帮助，出版社为编辑出版此书也付出了很多努力，在此一并表示衷心的感谢。

基于教学需要，本教程中的大多数教学案例来源于中国人民大学出版社出版的王燕老师的《应用时间序列分析（第三版）》，在此对该书作者王燕老师以及中国人民大学出版社表示最衷心的感谢。

由于编者学识和水平有限，书中难免会有不足、疏漏及错误之处，欢迎国内外同行以及广大读者批评指正。

编　者

2021 年 12 月

于内蒙古财经大学统计与数学学院

目录
Contents

第 4 章　非平稳时间序列的确定性分析

第 5 章　非平稳时间序列的随机分析

第6章 多元时间序列建模与分析

第 1 章

导　言

1.1　实验目的

通过本章内容的学习和实验，使学生了解时间序列的历史渊源、时间序列的定义和时间序列分析方法；掌握时间序列的定义、时域分析方法以及 EViews8.0 统计软件的基础性操作，为后续时间序列建模和案例操作奠定基础。

1.2　实验原理

本节包括四部分内容：第一部分为时间序列分析的起源，第二部分为时间序列的定义，第三部分为时间序列分析方法，第四部分为时间序列分析软件。时间序列就是按照时间的顺序把随机事件变化发展的过程记录下来所形成的序列。序列值之间一般会存在着不同程度的相关关系，而且这种相关关系遵循某种统计规律，时间序列分析的任务就是寻找这种统计规律，并拟合出适当的数学模型来描述这种规律，进而利用这个拟合模型预测序列未来的走势。

1.2.1　时间序列分析的起源

时间序列分析是现代计量经济学的一个分支。事实上，最早的时间序列分析可以追溯到 7000 多年前的古埃及。当时的古埃及人把尼罗河涨落的情况逐天记录下来，就构成所谓的时间序列。通过对这个时间序列的长期观察，他们发现尼罗河的涨落非常有规律。由于掌握了尼罗河泛滥的规律，进而据此合理安排农业生产活动，在增产增收的同时也解放了大批农业劳动力从事非农产业，使古埃及的农业得到迅速发展，从而创造了灿烂的史前文明。

正如古埃及人所为，按照时间顺序将随机事件的发展变化过程记录下来就构成了一个时间序列。对时间序列进行观察、研究，寻找其发展变化的规律，预测其将来的走势就是时间序列分析。

1.2.2 时间序列分析的定义

1.2.2.1 基本概念

1.2.2.1.1 随机序列（随机事件的时间序列）

按时间顺序排列的一组随机变量：$\cdots$，X_1，X_2，$\cdots$，X_t，$\cdots$，简记作 $\{X_t, t \in T\}$ 或 $\{X_t\}$。

1.2.2.1.2 观察值序列

随机序列的 n 个有序观察值，被称为长度为 n 的观察值序列：x_1，x_2，$\cdots$，x_n 或 $\{x_t, t = 1, 2, \cdots, n\}$。

1.2.2.2 随机序列和观察值序列的关系

（1）观察值序列 $\{x_t\}$ 是随机序列 $\{X_t\}$ 的一个实现。
（2）我们研究的目的是想揭示随机序列 $\{X_t\}$ 的性质。
（3）但实现的手段只能是通过观察值序列 $\{x_t\}$ 的性质进行推断。
两者的关系其实就是统计学中"总体"和"样本"的关系。

1.2.3 时间序列分析方法

1.2.3.1 描述性时序分析

通过直观的数据比较或绘图观测，寻找序列中蕴含的发展规律，这种分析方法就称为描述性时序分析。古埃及人发现尼罗河泛滥的规律就靠这种方法，而在天文、物理、海洋学等自然科学领域，这种简单的描述性时序分析方法也常常能使人们发现意想不到的规律。比如，19 世纪中后叶，德国药剂师、业余天文学家施瓦贝就运用这种方法，经过几十年不断的观察、记录，发现太阳黑子的活动具有 11 年左右的周期。

描述性时序分析方法具有操作简单、直观有效的特点，它通常是人们进行统计时序分析的第一步。

1.2.3.2 统计时序分析

随着研究领域的不断拓展，人们发现单纯的描述性时间序列分析具有很大的局限性。20 世纪 20 年代，学术界开始利用数理统计学原理分析时间序列。研究的重心从对序列表面现象的总结转移到分析序列值内在的相关关系上，即统计时序分析。

1.2.3.2.1 频域分析方法（频谱分析或谱分析）

（1）原理。假设任何一种无趋势的时间序列都可以分解成若干不同频率的周期波动。因此，可以通过对不同已知频率变动的分解及合成来分析其规律。

（2）发展历程。富里埃（频率）→傅立叶（正弦、余弦）→Burg（最大熵谱估计）。

（3）特点。分析过程复杂，研究人员要有很强的数学基础；分析结果抽象，不易于直观解释。

1.2.3.2.2 时域分析方法

（1）原理。从序列自相关的角度揭示时间序列的发展规律。

（2）基本思想。事件的发展通常都有一定的惯性，这种惯性用统计学的语言来描述就是序列值之间存在着一定的相关关系，而这种相关关系通常都具有某种统计规律。我们分析的重点就是寻找这种统计规律，并拟合出适当的数学模型来描述这种规律，进而利用这个拟合模型预测序列未来的走势。

（3）分析步骤。第一步：考察观察值序列的特征；第二步：根据序列的特征选择适当的拟合模型；第三步：根据序列的观察值数据确定模型的口径，即估计模型的参数；第四步：检验和优化模型；第五步：利用拟合好的模型来推断序列其他的统计性质并预测序列将来的走势。

（4）特点。理论基础扎实、操作步骤规范、分析结果易于解释。

（5）发展历程。1927 年，Yule（AR）→Walker（MA、ARMA），奠定了时域分析方法的基础。1970 年，Box、Jenkins 联合出版 *Time Series Analysis Forecasting and Control* 一书，系统阐述了对 ARIMA 模型识别、估计、检验及预测的原理及方法，称为经典时间序列分析方法，是时域分析方法的核心内容，但仅限于单变量、同方差、线性场合。

●异方差场合

ARCH、GARCH、EARCH、IARCH 这些模型是 ARIMA 模型的很好补充，能够比传统的方差齐性模型更好地刻画金融市场风险的变化过程。Engle 因此获得了 2003 年诺贝尔经济学奖。

●多变量场合

1987 年，Granger 提出了"协整"的概念，极大地促进了多变量时间序列分析方法的发展，与 Engle 一起获得了 2003 年诺贝尔经济学奖。

●非线性场合

在 20 世纪 70 年代末以前，对时间序列的研究局限于线性模型，但有很多现象（如考试成绩和复习时间等）用线性时间序列建模的效果都不理想，于是科学界开始寻求非线性模型。20 世纪 80 年代初，许多文献中出现了非线性时间序列模型，其中，香港大学的汤家豪教授于 1978 年提出的门限自回归模型是最早和最成功的模型，该研究成果在专著"*Nonlinear Times Series*"（1990）中有集中表述。门限自回归模型也成为目前分析非线性时间序列的最经典模型。

1.2.4　时间序列分析软件

常用的时间序列分析软件有 S-plus、Matlab、Gauss、TSP、Stata、EViews 和 SAS 等。我们在本教材中介绍和使用的软件是 EViews8.0。

1.2.4.1　EViews 简介

EViews 全称 Econometrics Views，是美国 QMS（Quantitative Micro Software）公司推出的基于 Windows 平台的专门从事数据分析、回归分析和预测的计算机软件，EViews 软件具有操作简便、界面友好、功能强大等特点，在科学数据分析与评价、经济预测、金融分析等领域具有广泛的应用。

EViews 的前身是 1981 年发行的 Micro TSP（时间序列分析软件包）。1994 年至今，QMS 公司先后推出了 EViews1.0、2.0、3.0、3.1、4.0、5.0、5.1、6.0、7.0、8.0 以及 9.0。EViews1.0、2.0 可以在 Windows 3.1 及以上版本的操作系统中运行，而 EViews3.0 以上版本只能在 Windows 95 及以上版本的操作系统中运行。

EViews3.1 以上版本功能强大，能够对包括时间序列在内的多种类型的数据进行分析，包括数据的描述统计、回归分析、动态回归模型、分布滞后模型、VAR 模型、ARCH/GARCH 模型、时间序列模型、多元时间序列模型以及编程与模拟等分析模块。

1.2.4.2　EViews 8.0 的启动和退出

1.2.4.2.1　EViews 8.0 的启动

在 Windows 平台下，有几种启动 EViews 的方法：

（1）单击任务栏中的开始按钮，然后选择程序中的 EViews 8.0 进入 EViews 程序组，再选择 EViews 8.0 的程序符号。

（2）双击桌面上的 EViews 8.0 图标。

（3）双击 EViews 的 workfile 或 database 文件名称。

1.2.4.2.2　EViews 8.0 的退出

有多种方式可以退出 EViews 8.0：

（1）在菜单栏中依次选择 File/Exit 退出。

（2）按组合键 ALT+F4。

（3）点击 EViews 8.0 窗口右上角的关闭 "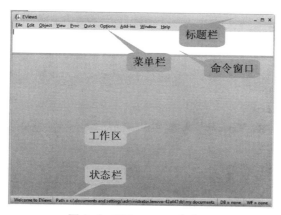" 按钮。

（4）双击窗口左上角的 EViews 8.0 图标。

1.2.4.3　EViews 8.0 主窗口简介

启动 EViews 8.0 后，系统进入如图 1-1 所示的 EViews 主窗口，看到该窗口，就表示 EViews 已经成功启动。

EViews 窗口由标题栏、菜单栏、命令窗口、工作区和状态栏五个部分组成，如图 1-1 所示。

图 1-1　EViews 8.0 主窗口

1.2.4.3.1　标题栏

标题栏位于主窗口最上方。可以单击 EViews8.0 窗口的任何位置，激活 EViews8.0 窗口。当 EViews8.0 窗口被激活时，窗口标题栏呈蓝色，当其他应用程序窗口处于活动状态时，标题栏呈灰色。可以单击 EViews8.0 工作区窗口的任何位置使 EViews8.0 工作区窗口呈激活状态。标题栏最右端的三个按钮为控制按钮，依次表示窗口 "最小化" "最大化" "关闭"。

1.2.4.3.2　菜单栏

菜单栏中共包括 10 个菜单，从左向右依次为 "File" "Edit" "Objects" "View" "Proc" "Quick" "Options" "Add-ins" "Window" 及 "Help"，单击每个菜单后都会出现一个下拉菜单，单击下拉菜单中的子菜单可以直接访问。菜单中黑色菜单为可操作项，灰色菜单为不可操作项。各菜单的具体内容和操作方法会在本书后续章节中做详细介绍，在此不再详细论述。

"File" 菜单为用户提供有关文件（工作文件、数据库文件、EViews 程序等）的常规选项，如"New"（文件建立）、"open"（打开）、"Save/Save As…"（保存/另存为）、"Close"（关闭）、"Import"（导入数据）、"Export"（导出数据）、"Print"（打印）、"Print setup"（打印设置）、"Run"（运行程序）、"Exit"（退出 EViews 软件）以及显示最近打开的 EViews 文件等。

"Edit"菜单选项包括"Undo"（撤销）、"Cut"（剪切）、"Copy"（拷贝）、"Paste/Paste Special"（粘贴）、"Delete"（删除）、"Find"（查找）、"Replace"（替换）、"Next"（下一个）、"Insert Text File"（插入文本文件）。

"Objects"为用户提供了有关 EViews 对象的各种基本操作，包括"New Objects"（建立新对象）、"Fetch From DB"（从数据库提取新对象）、"Store to DB"（存储到数据库）、"Copy Object"（复制对象）、"Name"（命名）、"Delete"（删除）、"Freeze output"（冻结对象）、"Print"（打印）、"View Options"（查看选项）等。

"View"的下拉菜单和实现的功能随窗口的不同而发生改变，主要涉及对象的多种查看方式，该菜单在未建立工作文件之前无选项可选。

"Proc"的下拉菜单和实现的功能随窗口的不同而不同，其主要功能为变量的运算过程，该菜单在未建立工作文件之前无选项可选。

"Quick"为用户提供快速统计分析过程，如"Generate Series"（生成新序列）、"Graph"（创建图形）、"Series Statistics/Group Statistics"（给出序列和序列组的描述性统计）、"Estimate Equation"（估计方程）、"Estimate VAR"（估计 VAR 模型）等。

"Options"为用户提供系统参数的设定选项。

"Window"是指在使用 EViews 的过程中将会有多个子窗口，该菜单为用户提供各种子窗口的切换和关闭功能。

"Help"是帮助，为用户提供索引方式和目录方式的帮助。

1.2.4.3.3　命令窗口

命令窗口用于在命令操作方式下输入相应的命令，用户只需把 EViews8.0 的相应命令输入该窗口，按"Enter"键即可执行该命令。此外，该命令窗口支持 Windows 下的复制、剪切和粘贴功能，因此，可以在命令窗口、其他的 EViews 文本窗口及其他的 Windows 窗口之间进行相应的文本转换。可通过单击窗口的任何位置确定命令窗口当前处于活动状态，然后从主菜单上选择"File/Save As"，这样命令窗口中的内容就被直接保存到一个文本文件中。

1.2.4.3.4　工作区

工作区用于显示 EViews 的各个子窗口，当存在多个子窗口时，这些子窗口会相互重叠，且当前活动窗口位于最上方。当用户需要激活其他子窗口时，可单击该窗口的标题栏或该窗口的任何可见部分使该窗口处于最上方；此外，还可通过单击菜单、选择需要的窗口名称来直接选择窗口；可通过单击标题栏并拖拽窗口实现移动窗口的功能；可通过单击窗口右端底部的角落并拖拽改变窗口的大小。

1.2.4.3.5 状态栏

状态栏显示目前 EViews 的工作状态和 EViews 默认的数据文件保存路径等。状态栏被分为四部分：最左边部分显示 EViews 的工作状态，通过单击状态栏最左边的方块可清除这些状态信息；"Path" 部分用于显示 EViews 默认的数据文件保存路径；"DB" 栏显示当前数据库的名称；"WF" 用于显示当前活动工作文件名称。

1.2.4.4 工作文件

用户使用 EViews 进行数据分析和处理时，要在特定的工作文件（Workfile）中进行，因此，在具体数据录入、分析和处理之前，需要先建立一个工作文件。该工作文件的作用在于存储分析数据和分析结果。如果不对工作文件进行保存，工作文件中的任何信息在关闭计算机后都将丢失。

1.2.4.4.1 建立工作文件

选择主菜单 "File/New/Workfile"，屏幕会弹出如图 1-2 所示的对话框，用户需要在图1-2中进行选项设置。

该对话框中有三个区域，分别是 "Workfile structure type"（工作文件结构类型）、"Date specification"（日期设定）和 "Workfile Names"（工作文件命名）。

"Workfile structure type" 区域可设定该工作文件的结构类型，如图 1-3 所示，包括三种："Unstructured/Undated"（未限定结构/未限定日期），用于建立截面数据类型的工作文件；"Dated－regular frequency"（日期—固定频率），用于建立时间序列类型的工作文件；"Balanced Panel"（平衡面板），用于建立面板数据类型的工作文件。系统在默认状态下是 "Dated－regular frequency"。

当工作文件的类型选择 "Unstructured/Undated"（未限定结构/未限定日期）时，将弹出如图 1-4 所示的界面。在 "Data range"（数据范围）中

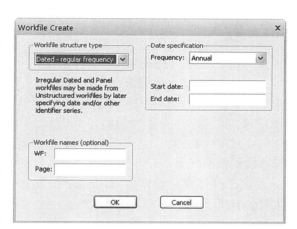

图 1-2 工作文件创建

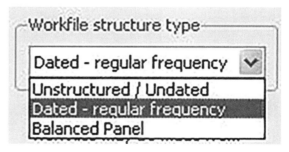

图 1-3 工作文件结构类型

输入观测值的个数，使用默认的整数标识码：1，2，3…。例如，所分析的数据是 30 个样本，那么在空白处输入 "30"，然后单击 "OK" 按钮就建立了一个工作文件。

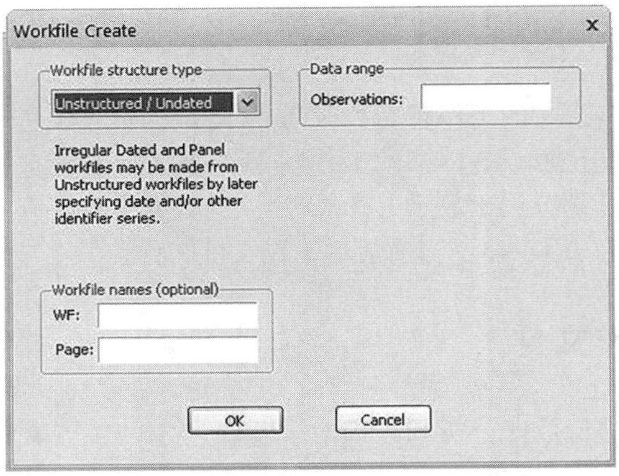

图1-4 未限定结构/未限定日期工作文件

当文件的工作类型选择"Dated-regular frequency"（日期—固定频率）时，将弹出如图1-5所示的界面。"Frequency"表示数据的频率，可选的频率有"Annual"（年度）、"Semi-annual"（半年度）、"Quarterly"（季度）、"Monthly"（月度）、"Weekly"（星期）、"Daily-5 day week"（日，每周5天）、"Daily-7 day week"（日，每周7天）、"Integer date"（整序数）等，用户可根据研究的时间序列进行相应的设置。"Start date"（起始日期）和"End date"（终止日期）用于设置时间的跨度，年度数据输入格式为"四位数年份"；半年度数据输入格式为"四位数年份：半年度（1或2）"，"1"表示上半年，"2"表示下半年，如"2014：1"代表2014年上半年；季度数据输入格式为"四位数年份：季度（1，2，3，4）"，如"2014：3"表示2014年第三季度；月度数据输入格式为"四位数年份：月度（1，2，…，12）"，如"2014：6"表示2014年6月；星期类型和日类型的起止时间按照"月/日/年"的格式输入。例如，建立一个1978~2015年的工作文件时，"Frequency"（频率）设定为"Annual"，在"Start date"中输入"1978"，在"End date"输入"2015"。

当文件的工作类型选择"Balanced Panel"时，将弹出如图1-6所示的界面。"Panel specification"中"Frequency"下拉列表、"Start date"和"End date"输入框的含义和设

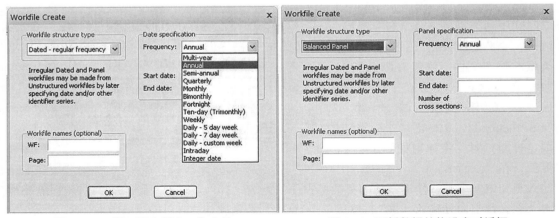

图1-5 日期—固定频率工作文件　　　　图1-6 面板数据结构设定对话框

置方式与时间序列数据完全相同。选项中的"Number of cross sections"输入框中输入截面成员的个数,其含义和设置方式与截面数据完全相同。

"Workfile names"选项组用于对工作文件和页面进行命名,"WF"用于输入工作文件的名称,"Page"用于输入页面名称。当工作文件建好后,可以在该区域为所建立的新工作文件命名;如果新工作文件未被命名,关闭该工作文件时,系统会给出保存和命名的提示对话框。

1.2.4.4.2 工作文件窗口简介

上述对话框选项设定完成后,单击"OK"按钮,将建立一个新的工作文件,如图1-7所示。图中较小的窗口是工作文件(Workfile)窗口,工作文件窗口提供了一个在给定的工作文件或者工作文件页下的所有对象目录,也提供了一些处理工作文件或工作文件页的工具,因此,EViews所建立的各种类型的对象均显示在此窗口中。工作文件窗口包括标题栏、工具栏、信息栏和对象集合区域。

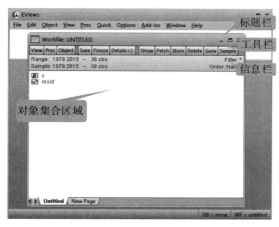

图1-7　工作文件窗口

(1)标题栏。工作文件的最顶端称为标题栏,显示工作文件的名称和路径,如果工作文件未被命名,则显示为"UNTITLED"。此处为蓝色时,表示该工作文件已被激活,否则显示为灰色。在窗口顶端的最后面,依次表示窗口"最小化""最大化"和"关闭"。

(2)工具栏。工具栏位于标题栏的正下方,包括"View""Proc""Object""Save""Freeze""Details+/-""Show"等具有不同功能的选项。利用这些选项可以很方便地实现对该工作文件的许多功能性操作,每个选项都有一个下拉菜单,包含各种操作中功能,各选项的具体内容和操作方法将在后面的章节中进行详细介绍。

(3)信息栏。信息栏位于工具栏正下方,用于显示数据的基本情况。具体包括:"Range"表示数据区间,用于修改EViews工作文件的范围,双击该区域可出现如图1-6所示界面;"Sample"代表所选择的样本区间,用于修改工作文件的样本范围,用户只需要双击此处便可以改变样本区间;"Display Filter"可以限定该工作文件中显示的对象,双击此处即可改变限定的条件。

（4）对象集合区域。该区域用于显示各类对象，是 EViews 工作文件窗口的主要部分，所有被命名的对象均以不同类型的图标列示在该区域中，并且按照字母顺序排列。新建的工作文件窗口默认包含两个对象：一个是"resid"（残差），另一个是"c"（系数向量），当前这两个对象的取值分别为"0"和"NA"（空值）。残差（resid）和系数向量（c）前面的符号为该对象的图标，不同类型的对象有各自不同的类型图标，双击残差（resid）和系数向量（c）的图标即可打开该对象并查看其数值。

1.2.4.4.3　工作文件保存

保存工作文件有两种方式：一是单击工作文件窗口工具栏中的"Save"按钮；二是在 EViews 菜单栏上单击"File/Save"或"Save As"选项。

1.2.4.5　对象的建立和对象窗口

对象储存了数据以及对数据进行操作的信息。使用 EViews 进行数据分析时，数据和相关操作需要在一个对象中进行。因此，在工作文件建立以后，用户必须建立相应的对象。对象可分为数据对象和非数据对象，数据对象包括序列（Serises）、方程（Equation）等；非数据对象包括文本（Text）、图形（Graph）等。

1.2.4.5.1　对象的建立

对象是数据分析的基础，而且一个工作文件可以包含多个对象。在 EViews 主窗口的菜单栏单击"Object/New Object"，或者在工作文件的工具栏上单击"Object/New Object"，便可以打开如图 1-8 所示的新建对象对话框。

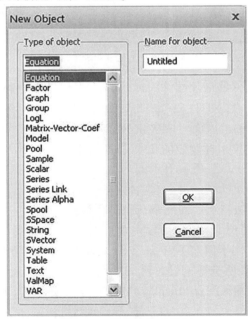

图 1-8　新建对象对话框

图 1-8 由两部分构成, 左侧为 "Type of object", 右侧为 "Name of object"。"Type of object" 下拉菜单用于选择新建立的对象类型, 包括: "Equation" (方程)、"Graph" (图)、"Group" (组) 等, 具体对象及含义见表 1-1。

表 1-1 EViews 对象名称及含义

图标	对象名称	含义	图标	对象名称	含义
	Equation	方程		Series	序列
	Factor	因子		Series Link	系列链接
	Graph	图表		Series Alpha	Alpha 序列
	Group	序列组		Sspace	状态空间模型
	Logl	对数似然函数		System	系统
	Matrix-Vector-Coef	矢量系数矩阵		Table	表格
	Model	模型		Text	文本
	Pool	面板数据		Valmap	数值映射
	Sample	样本区间		VAR	向量自回归
	Scalar	量标			

"Name of object" 用于输入对象的名称, 用户只需输入相应名称即可。在对对象命名时不能使用以下 EViews 软件的保留字符: ABS、ACOS、AR、ASIN、C、CON、CNORM、COEF、COS、D、DLOG、DNORM、ELSE、ENDIF、EXP、LOG、LOGIT、LPT1、LPT2、MA、NA、NRND、PDL、RESID、RND、SAR、SIN、SMA、SQR、THEN 等。而且, EViews 不区分对象名称字母的大小写。对象可以被命名, 也可以不命名, 被命名的对象将作为工作文件的一部分被保留在工作文件中。

1.2.4.5.2　对象窗口简介

在如图 1-7 所示的 EViews 工作文件窗口中双击对象, 便可以打开需要的对象。以 "Resid" 对象为例, 双击 "Resid" 后便出现如图 1-9 所示的对象窗口。

图 1-9 最上端是标题栏, 标题栏显示了对象的类型、名称和工作文件的名称。当该窗口被激活时, 标题栏呈蓝色。标题栏正下方是工具栏, 工具栏提供了许多进行操作的快捷按钮。窗口正中间是数据区域, 该区域显示对象的相关数据。

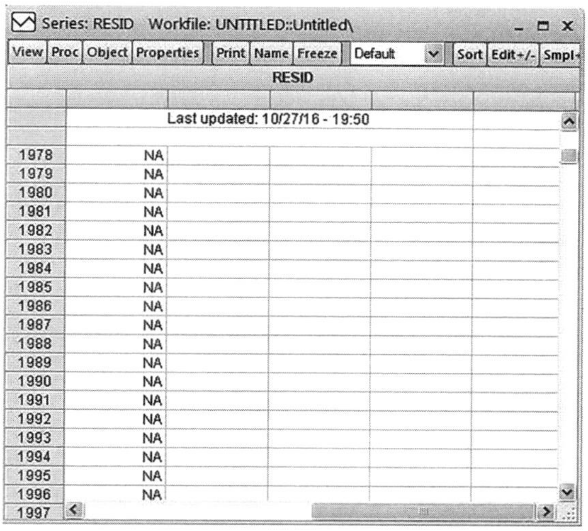

图 1-9　"Resid" 对象窗口

第 2 章

时间序列的预处理

2.1　实验目的

通过本章内容的学习和实验，使学生了解时间序列、时间序列平稳性以及纯随机性的概念；掌握时间序列平稳性检验的图示法以及纯随机性检验方法，为后续时间序列建模奠定基础。

2.2　实验原理

本章包括时间序列的平稳性检验和纯随机性检验两部分内容，其实质是在对时间序列进行分析之前将其进行分类。平稳性检验将时间序列分为平稳时间序列和非平稳时间序列，两者采用的分析方法不同。平稳性检验之后需进一步检验序列的纯随机性，如为纯随机序列，则表明该序列是无记忆的序列，对其分析结束；如为非纯随机序列，说明序列中的历史信息对未来有影响。而时间序列分析的目的就是找到这种影响的规律，并且用模型的形式表现出来，以此对序列未来的走势进行预测。

2.2.1　平稳性检验

2.2.1.1　检验工具

2.2.1.1.1　概率分布

时间序列 $\{X_t\}$ 的联合概率分布函数为：

$$\{F_{t_1, t_2, \cdots, t_m}(x_1, x_2, \cdots, x_m), \forall m \in (1, 2, \cdots, m), \forall t_1, t_2, \cdots, t_m \in T\} \quad (2\text{-}1)$$

根据数理统计学知识，一个随机变量的分布函数或者密度函数能够完整地描述其全部统计特征。同样，一个随机变量族 $\{X_t\}$ 的性质也完全可以由其联合分布函数或者联合密度函数决定。在理论上我们可以通过概率分布族来推测序列的所有统计性质，但是实际应用中，要得到序列的联合概率分布几乎是不可能的，通常都涉及非常复杂的数学运算，因此，我们很少直接使用联合概率分布来研究时间序列的性质。

2.2.1.1.2 特征统计量

由于联合概率分布对时间序列特征的描述只能停留在理论层面上，在实际应用中，一个更简单、更实用的描述时间序列统计特征的方法是研究该序列的低阶矩，特别是均值、方差、自协方差和自相关系数，即特征统计量。尽管这些特征统计量不能描述随机序列的全部统计性质，但由于它们概率意义明显且易于计算，而且通常能揭示随机序列的主要概率特征，所以我们可以通过分析这些特征统计量的特性，进而推断出随机序列的性质。

（1）均值（Mean）。对时间序列 $\{X_t, t \in T\}$ 而言，任意时刻的序列值 X_t 都是一个随机变量，都有自己的概率分布，不妨记 X_t 的分布函数为 $F_t(x)$。则序列 $\{X_t, t \in T\}$ 在 t 时刻的均值函数为：

$$\mu_t = EX_t = \int_{-\infty}^{\infty} x dF_t(x) \tag{2-2}$$

当 t 取遍所有的观察时刻时，我们就得到一个均值函数序列 $\{\mu_t, t \in T\}$，它反映的是时间序列 $\{X_t, t \in T\}$ 每时每刻的平均水平。

（2）方差（Variance）。方差函数用来描述序列值围绕其均值作随机波动时的平均波动程度：

$$DX_t = E(X_t - \mu_t)^2 = \int_{-\infty}^{\infty} (x - \mu_t)^2 dF_t(x) \tag{2-3}$$

同样，当 t 取遍所有的观察时刻时，我们就得到一个方差函数序列 $\{DX_t, t \in T\}$。

（3）自协方差（Auto Covariance Function）。类似于协方差函数的定义，对于时间序列 $\{X_t, t \in T\}$，任取两个时刻 t，s $\in$ T，定义 $\gamma(t, s)$ 为序列 $\{X_t, t \in T\}$ 的自协方差函数：

$$\gamma(t, s) = E(X_t - \mu_t)(X_s - \mu_s) \tag{2-4}$$

（4）自相关系数（Auto Correlation Function）。类似于相关系数的定义，对于时间序列 $\{X_t, t \in T\}$，任取两个时刻 t，s $\in$ T，定义 $\rho(t, s)$ 为序列 $\{X_t, t \in T\}$ 的自相关系数：

$$\rho(t, s) = \frac{\gamma(t, s)}{\sqrt{DX_t \cdot DX_s}} \tag{2-5}$$

自协方差函数和自相关系数与通常意义上的协方差函数和相关系数度量的变量之间的关系是相同的。之所以在前面加"自"，是因为通常意义上的协方差函数和相关系数度量的是两个不同的随机事件之间的相互影响程度，而自协方差函数和自相关系数度量的则是同一事件在两个不同时刻（仍然是不同的随机变量）之间的相关程度，可以理解为自己过去行为对现在行为的影响。

2.2.1.2 平稳时间序列的定义

根据限制条件的严格程度，平稳时间序列有严平稳和宽平稳两种定义。

2.2.1.2.1 严平稳

严平稳是一种条件比较苛刻的平稳性定义，它认为，只有当序列所有的统计性质都不会随着时间的推移而发生变化时，该序列才能被认为平稳。

因为随机变量族的统计性质完全由它们的联合概率分布族决定，所以严平稳就意味着联合概率分布不会随着时间的推移而发生变化。由于随机序列联合概率分布的计算和应用都很不方便，所以严平稳时间序列也只具有理论意义。在实践中应用更广的是条件比较宽松的宽平稳时间序列定义。

2.2.1.2.2　宽平稳

宽平稳是使用序列的特征统计量来定义的一种平稳性。它认为，序列的统计性质主要由它的低阶矩决定。所以只要保证序列低阶矩平稳（一阶矩或二阶矩），就能保证序列的主要性质近似稳定。

如果 $\{X_t, t \in T\}$ 满足如下三个条件：

（1）任取 $t \in T$，有 $EX_t = \mu$，μ 为常数。

（2）任取 $t \in T$，有 $EX_t^2 < \infty$。

（3）任取 $t, s, k \in T$，有 $\gamma(t, s) = \gamma(t + k, s + k)$。

则称 $\{X_t\}$ 为宽平稳时间序列，宽平稳也称为弱平稳或二阶矩平稳。

2.2.1.2.3　严平稳和宽平稳的关系

（1）一般关系。严平稳条件比宽平稳条件苛刻，因此，在通常情况下，严平稳（低阶矩存在）能推出宽平稳成立，而宽平稳不能反推严平稳成立。

（2）特例。不存在低阶矩的严平稳序列不满足宽平稳条件，例如，服从柯西分布的严平稳序列就不能保证其是宽平稳序列；当序列服从多元正态分布时，由于其联合分布函数只包含均值向量和方差协方差矩阵，故而宽平稳可以推出严平稳。

2.2.1.3　平稳时间序列的统计性质

2.2.1.3.1　常数均值

$$EX_t = \mu, \quad \forall t \in T \tag{2-6}$$

2.2.1.3.2　自协方差函数和自相关系数只依赖于时间的平移长度，而与时间的起止点无关

$$\gamma(t, s) = \gamma(t + k, s + k), \quad \forall t, s, k \in T \tag{2-7}$$

根据这个性质，可以将自协方差函数 $\gamma(t, s)$ 由二维简化为一维 $\gamma(s - t)$，即：

$$\gamma(s - t) = \gamma(t, s), \quad \forall t, s \in T \tag{2-8}$$

由此，引出了延迟 k 自协方差函数的概念。对于平稳时间序列 $\{X_t, t \in T\}$，任取 $\forall t, s, k \in T$，其中，$s - t = k$，定义 $\gamma(k)$ 为时间序列 $\{X_t, t \in T\}$ 的延迟 k 自协方差函数，即：

$$\gamma(k) = \gamma(t, s) \tag{2-9}$$

根据平稳时间序列这个性质，容易推断出平稳时间序列一定具有常数方差，因为：

$$\mathrm{DX}_t = E(X_t - \mu_t)(X_t - \mu_t) = \gamma(t, t) = \gamma(0), \quad \forall t \in T \qquad (2-10)$$

延迟 k 自相关系数：

$$\rho_k = \frac{\gamma(t, s)}{\sqrt{\mathrm{DX}_t \cdot \mathrm{DX}_s}} = \frac{\gamma(k)}{\sigma_x^2} = \frac{\gamma(k)}{\gamma(0)} \qquad (2-11)$$

自相关系数具有如下四个性质：

（1）规范性。

$$\rho_0 = 1 \text{ 且 } |\rho_k| \leqslant 1, \quad \forall k \qquad (2-12)$$

（2）对称性。

$$\rho_k = \rho_{-k} \qquad (2-13)$$

（3）非负定性。自相关系数矩阵为非负定矩阵。

（4）非唯一性。一个平稳时间序列一定唯一决定了它的自相关系数，但一个自相关系数未必唯一对应着一个平稳时间序列。

2.2.1.4　平稳时间序列的意义

2.2.1.4.1　时间序列数据结构的特殊性

可列多个随机变量，而每个变量只有一个样本观察值。

2.2.1.4.2　平稳性的重大意义

（1）极大地减少了随机变量的个数，从而简化了时序分析的难度。

（2）增加了待估变量的样本容量，从而提高了对特征统计量的估计精度。

2.2.1.5　平稳性检验

对序列平稳性进行检验有两种方法：一种是根据时序图和自相关图显示的特征作出判断的图形检验方法；另一种是通过构造检验统计量进行的假设检验方法。

图形检验方法是一种操作简便、运用广泛的平稳性判别方法，它的缺点是判别结论带有很强的主观色彩，所以最好能用统计检验方法加以判断。目前最常用的平稳性统计检验方法是单位根检验。本章只介绍两种图形检验法，单位根检验在第六章详细介绍。

2.2.1.5.1　时序图检验

根据平稳时间序列均值、方差均为常数的性质，平稳时间序列的时序图应该显示该序列始终在一个常数（均值为常数）附近上下随机波动，而且波动的范围有界（方差为常数）的特点。如果观察值序列的时序图显示该序列有明显的趋势性（递增或递减）或周期性，那它通常都不是平稳序列。

2.2.1.5.2　自相关图检验

平稳序列通常具有短期相关性。用自相关系数来描述就是随着延迟期数 k 的增加，平稳序列的自相关系数会很快衰减至零；反之，非平稳序列的自相关系数衰减至零的速度会比较慢。

2.2.2　纯随机性检验

2.2.2.1　纯随机序列的定义

纯随机序列也称为白噪声序列，简记为 $X_t \sim WN(\mu, \sigma^2)$ ，它满足如下两条性质：

$$EX_t = \mu, \quad \forall t \in T$$

$$\gamma(t, s) = \begin{cases} \sigma^2, & t = s \\ 0, & t \neq s \end{cases}, \quad \forall t, s \in T \tag{2-14}$$

由式可知，纯随机序列一定是平稳序列，而且是最简单的平稳序列。

2.2.2.2　纯随机序列的性质

2.2.2.2.1　纯随机性

由于纯随机序列满足：

$$\gamma(k) = \gamma(t, s) = 0, \quad \forall t, s, k \in T, \ s - t = k \neq 0 \tag{2-15}$$

则说明纯随机序列的各项值之间没有任何相关关系，这种"没有记忆"的序列就是白噪声序列。

纯随机序列各项值之间没有任何关联性，序列在进行完全无序的随机波动。一旦某个随机序列事件呈现出纯随机性的特征，我们则认为该随机事件没有包含任何值得提取的有用信息，我们就应该终止分析了。

如果间隔 k 期的两个序列值之间有相关关系，序列值之间就存在一定程度的相互影响关系，时间序列分析的目的就是提取这种信息。所以，纯随机性还是我们判断相关信息是否提取充分的一个标准。

2.2.2.2.2　方差齐次性

序列中每个变量的方差都相等，即：

$$DX_t = \gamma(0) = \sigma^2 \tag{2-16}$$

如果序列不满足方差齐次性，就称该序列具有异方差性质。

2.2.2.3 纯随机性检验

纯随机性检验也叫白噪声检验，是专门用来检验序列是否为纯随机序列的一种方法。一个序列为纯随机序列，要求序列值之间没有任何相关关系。但这是一种理论上才会出现的理想情况，实际上，由于观察值序列的有限性和随机性，纯随机序列的样本自相关系数不会绝对为零。

2.2.2.3.1 检验原理

考虑样本自相关系数的分布性质，从统计意义上来判断序列的性质。

Bartlett 定理证明，如果一个时间序列是纯随机的，得到一个观察期为 n 的观察值序列 $\{x_t, t = 1, 2, \cdots, n\}$，那么，该序列的延迟非零期样本自相关系数近似服从均值为零、方差为序列观察期倒数的正态分布，即：

$$\hat{\rho}_k \sim N\left(0, \frac{1}{n}\right), \quad \forall k \neq 0 \qquad (2-17)$$

根据 Bartlett 定理，我们可以构造检验统计量来检验序列的纯随机性。

2.2.2.3.2 检验

2.2.2.3.2.1 假设条件

（1）原假设。延迟期数小于或等于 m 期的序列值之间相互独立。即：
$$H_0: \rho_1 = \rho_2 = \cdots = \rho_m = 0, \quad \forall m \geq 1$$

（2）备择假设。延迟期数小于或等于 m 期的序列值之间有相关性。即：
$$H_1: 至少存在一个 \rho_k \neq 0, \quad \forall m \geq 1, k \leq m$$

2.2.2.3.2.2 检验统计量

（1）Q 统计量的构造及检验。由于 $\hat{\rho}_k \sim N\left(0, \frac{1}{n}\right)$，$\forall k \neq 0$，则标准化后有 $\sqrt{n}\hat{\rho}_k \sim N(0, 1)$，$\forall k \neq 0$。

则由标准正态分布和卡方分布的关系得：

$$Q = n \sum_{k=1}^{m} \hat{\rho}_k^2 \sim \chi^2(m) \qquad (2-18)$$

给定显著性水平 α，如果 $Q > \chi^2_{1-\alpha}(m)$，则拒绝原假设，即该序列为非纯随机序列；否则，不拒绝原假设，即该序列为纯随机序列。

（2）LB 统计量的构造及检验。在实际应用中，人们发现 Q 统计量在大样本场合检验效果很好，但在小样本场合就不太精确。为了弥补这一缺陷，Box 和 Ljung 又推导出了 LB 统计量，即：

$$LB = n(n + 2) \sum_{k=1}^{m} \frac{\hat{\rho}_k^2}{n - k} \qquad (2-19)$$

可以证明，LB 统计量同样近似服从自由度为 m 的卡方分布。

可见，LB 统计量是 Box 和 Pierce 统计量的修正，所以人们习惯把它们统称为 Q 统计量，分别记作 Q_{BP} 统计量和 Q_{LB} 统计量。通常在各种场合普遍采用的是 LB 统计量。

2.3　教 学 案 例

2.3.1　平稳性检验

【案例 2-1】　检验 1964~1999 年中国纱年产量序列的平稳性（数据见表 2-1）。

表 2-1　1964~1999 年中国纱年产量序列　　　　　单位：万吨

年份	纱产量	年份	纱产量	年份	纱产量
1964	97.0	1976	196.0	1988	465.7
1965	130.0	1977	223.0	1989	476.7
1966	156.5	1978	238.2	1990	462.6
1967	135.2	1979	263.5	1991	460.8
1968	137.7	1980	292.6	1992	501.8
1969	180.5	1981	317.0	1993	501.5
1970	205.2	1982	335.4	1994	489.5
1971	190.0	1983	327.0	1995	542.3
1972	188.6	1984	321.9	1996	512.2
1973	196.7	1985	353.5	1997	559.8
1974	180.3	1986	397.8	1998	542.0
1975	210.8	1987	436.8	1999	567.0

1. 建立工作文件

启动 EViews8.0 软件，依次单击 "New/Workfile"，如图 2 - 1 所示，出现 "Workfile Create" 对话框后，需要对数据类型进行设定。本例中为年度时间序列数据，因此，在 "Frequency" 中选择 "Annual" 并输入初始年度和截止年度，本例中分别为 "1964" 和 "1999"（见图2-2）。也可选择在 "Workfile names" 中的工作文件名称 "WF" 中输入，如本例中输入

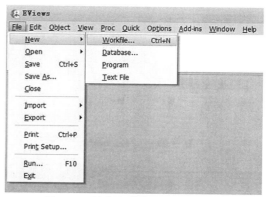

图 2-1　新建文件并设定数据类型

"example2.1"，最后单击"OK"，出现如图 2-3 所示工作文件窗口。

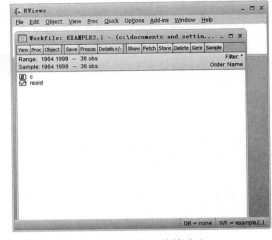

图 2-2 数据设定　　　　　　　　　　图 2-3 工作文件的建立

2. 定义变量并输入数据

在命令行中输入"data x"并回车后，弹出用于存放数据的"Group"对象窗口。点击该窗口上方的"Name"对"Group"对象进行命名，默认为"Group01"，点击"OK"后，输入数据或者将已经准备好的 Excel 数据粘贴至该组，如图 2-4 所示。

图 2-4 输入数据

3. 序列平稳性的图示检验法

（1）时序图检验。关闭"Group"对象文件，并打开序列对象"Series：X"，依次单击"View/Graph"，在弹出的"Graph Options"窗口中选择线形图"Line & Symbol"，点击"OK"后即得到序列 X 的时间序列图，如图 2-5、图 2-6、图 2-7 和图 2-8 所示。

图 2-5　打开序列

图 2-6　绘制序列 X 的时序图

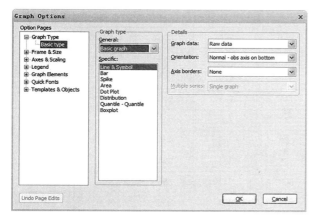

图 2-7　选择线形图

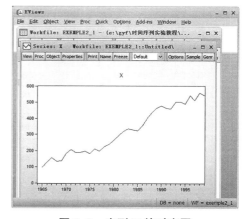

图 2-8　序列 X 的时序图

由图可见，中国纱年产量序列具有明显的递增趋势，因此是典型的非平稳序列。

（2）自相关图检验。依次点击序列 X 窗口的"View/Correlogram"，弹出以下自相关图设定界面（见图2-9），选择作图的序列（"Level"表示当前序列 X，"1st difference"表示一阶差分序列，"2nd difference"表示二阶差分序列）并填写包含的滞后阶数"Lags to include"后点击"OK"，序列 X 的自相关图如图 2-10 所示。

图 2-10 中左侧图形为自相关系数图"Autocorrelation"。从图中可见，序列 X 的自相关系数递减到零的速度相当缓慢，在很长的延迟时期里，自相关系数一直为正，而后又一直为负，在自相关系数图上显示出明显的三角对称性，这是具有单调趋势非平稳性序列的

一种典型自相关图形式。因此，可判断该序列为非平稳序列。

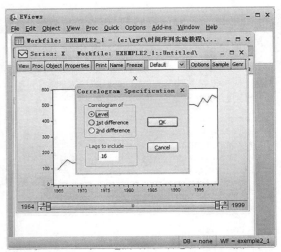

图 2-9　绘制序列 X 的自相关图

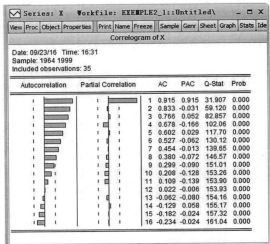

图 2-10　序列 X 的自相关图

【案例 2-2】　绘制 1962 年 1 月~1975 年 12 月平均每头奶牛月产奶量序列的时序图和自相关图并检验其平稳性（数据见表 2-2）。

表 2-2　1962 年 1 月~1975 年 12 月平均每头奶牛月产奶量序列　　　　单位：磅

589	583	782	713	701	886	826	784	966
561	587	756	667	706	859	799	791	937
640	565	702	762	677	819	890	760	896
656	598	653	784	711	783	900	802	858
727	628	615	837	734	740	961	828	817
697	618	621	817	690	747	935	778	827
640	688	602	767	785	711	894	889	797
599	705	635	722	805	751	855	902	843
568	770	677	681	871	804	809	969	
577	736	635	687	845	756	810	947	
553	678	736	660	801	860	766	908	
582	639	755	698	764	878	805	867	
600	604	811	717	725	942	821	815	
566	611	798	696	723	913	773	812	
653	594	735	775	690	869	883	773	
673	634	697	796	734	834	898	813	
742	658	661	858	750	790	957	834	
716	622	667	826	707	800	924	782	

续表

| 660 | 709 | 645 | 783 | 807 | 763 | 881 | 892 | |
| 617 | 722 | 688 | 740 | 824 | 800 | 837 | 903 | |

　　建立工作文件，设定数据类型为月度数据"Monthly"，文件名输入"example2.2"（见图 2-11）。其他操作同上，得到时序图和自相关图分别如图 2-12 和图 2-13 所示。

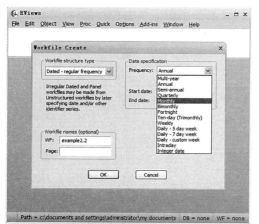

图 2-11　建立工作文件

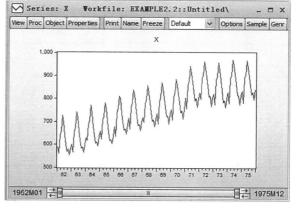

图 2-12　时间序列图

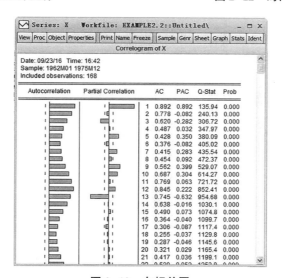

图 2-13　自相关图

　　图 2-12 显示，平均每头奶牛月产奶量以年为周期呈现出规则的周期性，而且还有明显的逐年递增趋势，显然为非平稳序列。图 2-13 显示，自相关系数长期位于零轴的一边，这是具有单调趋势序列的典型特征；同时，自相关图呈现出明显的正弦波动规律，这是具有周期变化规律非平稳序列的典型特征。这两个特征说明该序列为非平稳序列，与时序图的判断结果一致。

【案例 2-3】 绘制 1949～1998 年北京市每年最高气温序列的时序图和自相关图并检验其平稳性（数据见表 2-3）。

表 2-3　1949～1998 年北京市每年最高气温序列　　　　　单位：℃

年份	温度	年份	温度	年份	温度
1949	38.8	1966	37.5	1983	37.2
1950	35.6	1967	35.8	1984	36.1
1951	38.3	1968	40.1	1985	35.1
1952	39.6	1969	35.9	1986	38.5
1953	37.0	1970	35.3	1987	36.1
1954	33.4	1971	35.2	1988	38.1
1955	39.6	1972	39.5	1989	35.8
1956	34.6	1973	37.5	1990	37.5
1957	36.2	1974	35.8	1991	35.7
1958	37.6	1975	38.4	1992	37.5
1959	36.8	1976	35.0	1993	35.8
1960	38.1	1977	34.1	1994	37.2
1961	40.6	1978	37.5	1995	35.0
1962	37.1	1979	35.9	1996	36.0
1963	39.0	1980	35.1	1997	38.2
1964	37.5	1981	38.1	1998	37.2
1965	38.5	1982	37.3		

　　1949～1998 年北京市每年最高气温序列的时序图和自相关图如图 2-14 和图 2-15 所示。

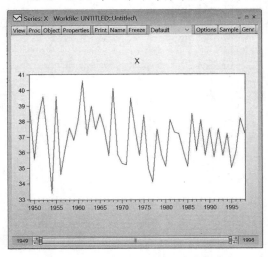

图 2-14　1949～1998 年北京市每年
最高气温序列时序图

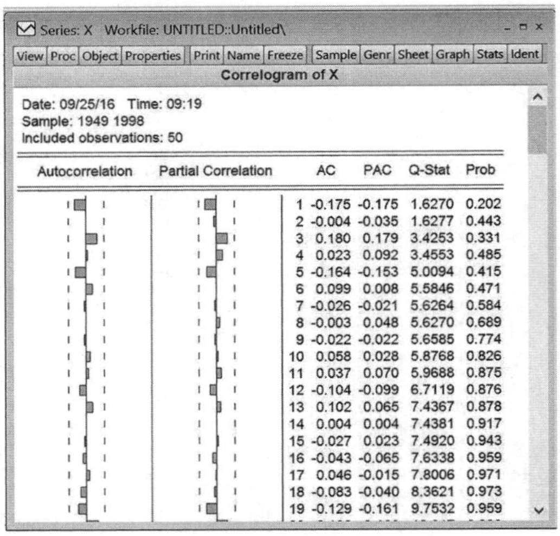

图 2-15　1949～1998 年北京市每年
最高气温序列自相关图

图 2-14 显示，北京市每年最高气温始终在 37℃附近波动，没有明显趋势或周期，且波动的范围有界，在 33℃～41℃之间，基本上可以视为平稳序列。

图 2-15 显示，该序列的自相关系数一直都比较小，始终在 2 倍标准差范围以内，可以认为该序列自始至终都在零轴附近波动，这是随机性非常强的平稳序列通常具有的自相关图特征。

2.3.2　纯随机性检验

【案例 2-3（续）】　检验 1949～1998 年北京市每年最高气温序列的纯随机性（数据见表 2-3）。

由图 2-14 及图 2-15 可见，1949～1998 年北京市每年最高气温序列为平稳序列，但并不是任何平稳序列都有值得我们提取的信息。为了检验平稳序列中是否蕴含相关信息，需要进一步对序列进行纯随机性检验。检验过程如下：

1. 假设条件

原假设：延迟期数小于或等于 m 期的序列值之间相互独立，即：

$$H_0: \rho_1 = \rho_2 = \cdots \rho_m = 0, \ \forall m \geq 1$$

备择假设：延迟期数小于或等于 m 期的序列值之间有相关性，即：

$$H_1: \text{至少存在一个 } \rho_k \neq 0, \ \forall m \geq 1, \ k \leq m$$

2. 构造并计算 Q 统计量

$$Q_{LB} = n(n+2) \sum_{k=1}^{m} \frac{\hat{\rho}_k^2}{n-k} \backsim \chi^2(m) \qquad (2-20)$$

LB 统计量如图 2-15 中"Q-Stat"一列所示，"Prob"一列为检验统计量的 P 值。

3. 检验

由图 2-15 可见，对应于任意延迟阶数，检验统计量的 P 值均大于显著性水平（α＝0.05），因此，在 95%的概率水平下，不能拒绝该序列为纯随机性序列的原假设，即认为北京市最高气温的变动属于纯随机波动。这说明，我们很难根据历史信息预测未来年份的最高气温。至此，对其分析结束。

2.4　综合案例

【案例 2-4】　检验 1950～1998 年北京市城乡居民定期储蓄所占比例的平稳性与纯随机性（数据见表 2-4）。

表 2-4　1950~1998 年北京市城乡居民定期储蓄所占比例　　单位:%

年份	定期储蓄	年份	定期储蓄	年份	定期储蓄
1950	83.5	1967	81.4	1984	80.9
1951	63.1	1968	84.0	1985	80.3
1952	71.0	1969	82.9	1986	81.3
1953	76.3	1970	83.5	1987	81.6
1954	70.5	1971	83.2	1988	83.4
1955	80.5	1972	82.2	1989	88.2
1956	73.6	1973	83.2	1990	89.6
1957	75.2	1974	83.5	1991	90.1
1958	69.1	1975	83.8	1992	88.2
1959	71.4	1976	84.5	1993	87.0
1960	73.6	1977	84.8	1994	87.0
1961	78.8	1978	83.9	1995	88.3
1962	84.4	1979	83.9	1996	87.8
1963	84.1	1980	81.0	1997	84.7
1964	83.3	1981	82.2	1998	80.2
1965	83.1	1982	82.7		
1966	81.6	1983	82.3		

1. 绘制该序列的时间序列图

图 2-16 显示，该序列没有显著的递增或递减趋势，始终在 80% 上下波动，因此，可初步判断其为平稳时间序列。

2. 绘制该序列的自相关图

图 2-17 显示，样本自相关系数在延迟三阶之后，全部落入 2 倍标准差范围以内，而且自相关系数向零衰减的速度非常快，在延迟八阶之后全部在零值周围波动，这是非常典型的短期相关的样本自相关图。根据时序图和样本自相关图的性质，可以认为该序列为平稳序列。

3. 纯随机性检验

根据图 2-17 中的自相关系数（"AC"一列所示），计算用于纯随机性检验的 LB 统计量（"Q-Stat"一列所示），右侧"Prob"一列为检验统计量的 P 值。可见所有 P 值均为 0，小于给定的显著性水平（$\alpha = 0.05$），从而拒绝纯随机序列的原假设，认为 1950~1998 年北京市城乡居民定期储蓄所占比例序列为非纯随机序列。也就是说，该序列蕴含有相关信息，序列的历史信息对未来有影响。时间序列分析的目的就是提取这种影响作用的规律，并用适当的模型表示出来。

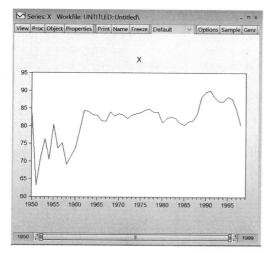

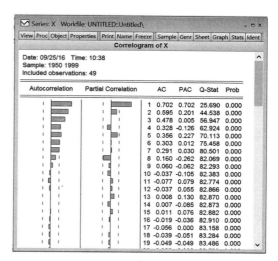

图 2-16　1950~1998 年北京市城乡居民
定期储蓄所占比例时序图

图 2-17　1950~1998 年北京市城乡居民
定期储蓄所占比例自相关图

【**案例 2-5**】　2016 年上证医药行业指数成交额部分数据如表 2-5 所示，试对该序列进行平稳性检验和纯随机性检验。

表 2-5　2016 年上证医药行业指数成交额

日期	成交额（百万元）
2016-01-04	8185.92
2016-01-05	11261.29
2016-01-06	7991.62
2016-01-07	2042.38
2016-01-08	9483.66
2016-01-11	8400.10
……	……
2016-12-26	4205.17
2016-12-27	2650.76
2016-12-28	2556.14
2016-12-29	3180.45
2016-12-30	3675.11

资料来源：Wind 资讯。

1. 绘制该序列的时间序列图

图 2-18 显示，该序列没有显著的趋势，始终在 5000 上下波动，因此，可初步判断其为平稳时间序列。

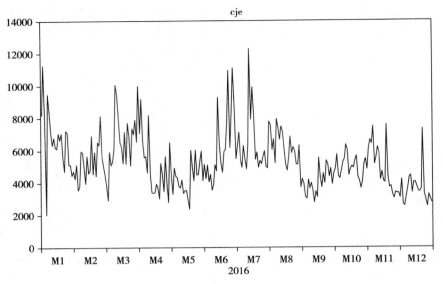

图 2-18　2016 年上证医药行业指数成交额时序图

2. 绘制该序列的自相关图

图 2-19 显示，样本自相关系数具有短期相关性，进一步可确定该序列为平稳序列。

Series: CJE　Workfile: UNTITLED::Untitled\

View | Proc | Object | Properties | Print | Name | Freeze | Sample | Genr | Sheet | Graph | Stats

Correlogram of CJE

Date: 01/26/17　Time: 17:55
Sample: 1/04/2016 12/30/2016
Included observations: 260

Autocorrelation	Partial Correlation		AC	PAC	Q-Stat	Prob
		1	0.565	0.565	83.829	0.000
		2	0.442	0.180	135.31	0.000
		3	0.440	0.203	186.56	0.000
		4	0.374	0.054	223.85	0.000
		5	0.298	-0.005	247.65	0.000
		6	0.290	0.054	270.21	0.000
		7	0.284	0.055	291.88	0.000
		8	0.194	-0.069	302.03	0.000
		9	0.219	0.075	315.07	0.000
		10	0.233	0.051	329.82	0.000
		11	0.264	0.117	348.84	0.000
		12	0.214	-0.026	361.47	0.000
		13	0.196	-0.011	372.03	0.000
		14	0.220	0.048	385.42	0.000
		15	0.157	-0.057	392.28	0.000
		16	0.164	0.028	399.76	0.000
		17	0.121	-0.064	403.83	0.000
		18	0.073	-0.060	405.35	0.000
		19	0.048	-0.017	406.01	0.000

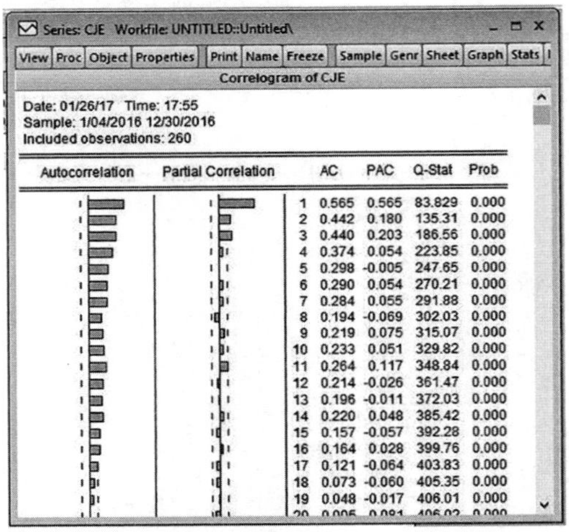

图 2-19　2016 年上证医药行业指数成交额自相关图

3. 纯随机性检验

根据图 2-19 中的自相关系数（“AC”一列所示），计算用于纯随机性检验的 LB 统计量（“Q-Stat”一列所示），右侧“Prob”一列为检验统计量的 P 值。可见所有 P 值均为 0，小于任意给定的显著性水平（$\alpha=0.05$），因此，拒绝纯随机序列的原假设，认为 2016 年上证医药行业指数成交额序列为非纯随机序列。也就是说，该序列蕴含有相关信息，序列的历史信息对未来有影响。我们分析的目的就是提取这种影响的规律性，并按此规律对序列未来进行预测。

2.5　练习案例

【练习 2-1】　我国 2003 年 1 月~2014 年 12 月宏观经济景气先行指数如表 2-6 所示。

表 2-6　我国 2003 年 1 月~2014 年 12 月宏观经济景气先行指数

101. 87	100. 83	102. 66	104. 06	98. 60	102. 90	100. 90	99. 95
102. 19	100. 87	102. 88	104. 00	99. 00	102. 40	100. 80	99. 90
101. 31	100. 70	102. 83	103. 72	100. 00	102. 50	100. 50	99. 60
100. 45	100. 75	102. 53	103. 38	101. 00	102. 30	99. 90	99. 60
100. 52	100. 67	102. 31	102. 70	102. 00	102. 00	99. 60	99. 50
101. 16	100. 97	102. 04	101. 90	102. 60	101. 50	99. 20	99. 30
101. 99	101. 20	101. 89	101. 90	103. 40	101. 20	99. 30	99. 30
102. 03	101. 48	101. 98	102. 50	104. 20	101. 40	99. 90	99. 30
102. 37	101. 82	102. 27	102. 80	105. 00	101. 70	100. 40	99. 80
102. 40	102. 23	102. 50	102. 49	105. 80	102. 00	100. 40	99. 70
102. 58	102. 58	102. 52	102. 13	105. 40	101. 90	100. 40	99. 90
102. 69	102. 59	103. 02	101. 70	105. 40	102. 10	100. 70	99. 80
102. 41	102. 47	102. 89	101. 10	105. 30	101. 90	100. 80	100. 20
102. 53	102. 41	102. 61	100. 10	105. 90	101. 30	100. 20	99. 80
102. 38	102. 30	102. 38	98. 80	105. 20	100. 60	99. 99	99. 90
102. 33	102. 00	102. 95	97. 50	104. 80	100. 10	99. 60	99. 40
101. 65	102. 05	103. 44	97. 40	103. 80	100. 30	99. 80	99. 20
101. 08	102. 22	103. 82	97. 90	103. 20	100. 20	99. 80	98. 80

资料来源：Wind 资讯。

1. 绘制该序列时序图及样本自相关图。
2. 判断该序列的平稳性。
3. 判断该序列的纯随机性。

【练习 2-2】　2010 年 1 月~2013 年 7 月我国人力资源报酬指数（上月 = 1000）如表 2-7 所示。

表 2-7　2010 年 1 月~2013 年 7 月我国人力资源报酬指数（上月=1000）

时期	人力资源劳动报酬总指数	时期	人力资源劳动报酬总指数
2010-01	1000.00	2011-11	995.61
2010-02	797.09	2011-12	1188.64
2010-03	1218.23	2012-01	831.84
2010-04	1028.04	2012-02	931.01
2010-05	1047.36	2012-03	1099.27
2010-06	1050.67	2012-04	1034.06
2010-07	1005.59	2012-05	1012.12
2010-08	1014.46	2012-06	991.06
2010-09	995.72	2012-07	1012.35
2010-10	980.57	2012-08	1016.62
2010-11	997.32	2012-09	1064.47
2010-12	1208.07	2012-10	991.25
2011-01	893.97	2012-11	1006.08
2011-02	788.95	2012-12	1054.86
2011-03	1254.83	2013-01	903.62
2011-04	1010.38	2013-02	780.40
2011-05	1020.42	2013-03	1256.98
2011-06	981.12	2013-04	1009.52
2011-07	979.84	2013-05	1042.90
2011-08	1021.62	2013-06	979.16
2011-09	1051.55	2013-07	1011.51
2011-10	982.65		

资料来源：Wind 资讯。

1. 绘制该序列时序图及样本自相关图。
2. 判断该序列的平稳性。
3. 判断该序列的纯随机性。

【练习 2-3】　美国 2010 年 1 月~2015 年 12 月新增登记失业人数数据如表 2-8 所示。

表 2-8　美国 2010 年 1 月~2015 年 12 月新增登记失业人数　　单位：千人

日期	新增登记失业人数	日期	新增登记失业人数	日期	新增登记失业人数	日期	新增登记失业人数
2010-01	-52.00	2011-07	-202.00	2013-01	172.00	2014-07	177.00
2010-02	67.00	2011-08	50.00	2013-02	-516.00	2014-08	-21.00

日期	新增登记失业人数	日期	新增登记失业人数	日期	新增登记失业人数	日期	新增登记失业人数
2010-03	89.00	2011-09	123.00	2013-03	-282.00	2014-09	-361.00
2010-04	123.00	2011-10	-330.00	2013-04	80.00	2014-10	-291.00
2010-05	-476.00	2011-11	-290.00	2013-05	-95.00	2014-11	96.00
2010-06	-375.00	2011-12	-238.00	2013-06	84.00	2014-12	-342.00
2010-07	38.00	2012-01	-296.00	2013-07	-391.00	2015-01	244.00
2010-08	136.00	2012-02	16.00	2013-08	-66.00	2015-02	-299.00
2010-09	-69.00	2012-03	-100.00	2013-09	-20.00	2015-03	-125.00
2010-10	-63.00	2012-04	-67.00	2013-10	-131.00	2015-04	-17.00
2010-11	565.00	2012-05	14.00	2013-11	-341.00	2015-05	134.00
2010-12	-733.00	2012-06	32.00	2013-12	-382.00	2015-06	-404.00
2011-01	-302.00	2012-07	-36.00	2014-01	-170.00	2015-07	-16.00
2011-02	-218.00	2012-08	-185.00	2014-02	143.00	2015-08	-218.00
2011-03	-100.00	2012-09	-356.00	2014-03	17.00	2015-09	-140.00
2011-04	228.00	2012-10	9.00	2014-04	-695.00	2015-10	-8.00
2011-05	-103.00	2012-11	-119.00	2014-05	35.00	2015-11	70.00
2011-06	105.00	2012-12	293.00	2014-06	-280.00	2015-12	-12.00

资料来源：Wind 资讯。

1. 绘制该序列时序图及样本自相关图。
2. 判断该序列的平稳性。
3. 判断该序列的纯随机性。

第 3 章
平稳时间序列分析

3.1 实 验 目 的

了解时间序列分析的方法性工具；理解并掌握 ARMA 模型的性质；掌握时间序列建模的方法步骤及预测；能够运用 EViews 软件进行模型识别、参数估计、模型检验、模型优化与模型预测。

3.2 实 验 原 理

时间序列分析实质上是观察和研究序列中相关信息的规律，并选择适当的模型呈现这种规律。经过第二章的平稳性检验后，一个序列被分为平稳和非平稳序列两类。对于非平稳序列，其研究方法在后面章节讲述；而对于平稳时间序列，经过纯随机性检验，可分为纯随机序列和非纯随机序列。前者表明该序列是无记忆的序列，对其分析结束；若为非纯随机序列，则说明序列中的历史信息对未来有影响。而时间序列分析的目的就是将这种影响的规律找到，并用模型的形式表现出来，以此对序列未来的走势进行预测。我们有一整套非常完善的方法对平稳且非纯随机序列进行分析。

本章重点内容包括：第一，介绍用来拟合平稳非纯随机序列信息的几种模型的性质；第二，介绍 ARMA 模型建模的步骤。

3.2.1 方法性工具

3.2.1.1 差分运算

3.2.1.1.1 p 阶差分

相距一期的两个序列值之间的减法运算称为一阶差分。记 ∇x_t 为 x_t 的一阶差分，则：

$$\nabla x_t = x_t - x_{t-1} \tag{3-1}$$

对一阶差分后的序列再进行一次一阶差分运算称为二阶差分，记 $\nabla^2 x_t$ 为 x_t 的二阶差分，即：

$$\nabla^2 x_t = \nabla x_t - \nabla x_{t-1} \tag{3-2}$$

以此类推，对 $p-1$ 阶差分后的序列再进行一次一阶差分运算称为 p 阶差分，记 $\nabla^p x_t$ 为 x_t 的 p 阶差分，即：

$$\nabla^p x_t = \nabla^{p-1} x_t - \nabla^{p-1} x_{t-1} \tag{3-3}$$

3.2.1.1.2 k 步差分

相距 k 期的两个序列值之间的减法运算称为 k 步差分，记 $\nabla_k x_t$ 为 x_t 的 k 步差分，即：

$$\nabla_k x_t = x_t - x_{t-k} \tag{3-4}$$

3.2.1.2 延迟算子

3.2.1.2.1 定义

延迟算子类似于一个时间指针，当前序列值乘以一个延迟算子，就相当于把当前序列值的时间向过去拨去了一个时刻，记 B 为延迟算子，有

$$\begin{aligned} x_{t-1} &= \mathrm{B} x_t \\ x_{t-2} &= \mathrm{B}^2 x_t \\ &\cdots\cdots \\ x_{t-p} &= \mathrm{B}^p x_t \end{aligned} \tag{3-5}$$

3.2.1.2.2 性质

（1）$\mathrm{B}^0 = 1$。

（2）$\mathrm{B}^n x_t = x_{t-n}$。

（3）若 c 为任一常数，有 $\mathrm{B}(c \cdot x_t) = c\mathrm{B}(x_t) = c \cdot x_{t-1}$，即延迟算子对常数不起作用。

（4）对任意两个序列 $\{x_t\}$ 和 $\{y_t\}$，有 $\mathrm{B}(x_t \pm y_t) = \mathrm{B}(x_t) \pm \mathrm{B}(y_t) = x_{t-1} \pm y_{t-1}$。

（5）$(1-\mathrm{B})^n x_t = \sum_{i=0}^{n} (-1)^i \mathrm{C}_n^i \mathrm{B}^i x_t = \sum_{i=0}^{n} (-1)^i \mathrm{C}_n^i x_{t-i}$，其中，$\mathrm{C}_n^i = \dfrac{n!}{i!\ (n-i)!}$。

3.2.1.2.3 用延迟算子表示差分运算

（1）p 阶差分。

$$\nabla^p x_t = (1-\mathrm{B})^p x_t = \sum_{i=0}^{n} (-1)^i \mathrm{C}_n^i \mathrm{B}^i x_t \tag{3-6}$$

（2）k 步差分。

$$\nabla_k x_t = x_t - x_{t-k} = x_t - B^k x_t = (1-B^k) x_t \tag{3-7}$$

3.2.1.3 线性差分方程

在时间序列的时域分析中，线性差分方程是非常重要的，也是极为有效的工具。事实上，任何一个 ARMA 模型都是一个线性差分方程。因此，ARMA 模型的性质往往取决于差

分方程的性质。为了更好地讨论 ARMA 模型的性质，先简单介绍差分方程的一般性质。

常系数微分方程是描述连续时间系统的动态性工具；相应地，描述离散型时间系统的主要工具就是常系数差分方程。

3.2.1.3.1　线性差分方程的定义

如下形式的方程为序列 $\{z_t,\ t = 0,\ \pm 1,\ \pm 2,\ \cdots\}$ 的线性差分方程：

$$z_t + \alpha_1 z_{t-1} + \alpha_2 z_{t-2} + \cdots + \alpha_p z_{t-p} = h(t) \tag{3-8}$$

式（3-8）中，$p \geq 1$；α_1，α_2，$\cdots$，α_p 为实数；$h(t)$ 为 t 的已知函数。

若 $h(t) = 0$，差分方程称为齐次线性差分方程，如式（3-9）。否则，称为非齐次线性差分方程，如式（3-8）。

$$z_t + \alpha_1 z_{t-1} + \alpha_2 z_{t-2} + \cdots + \alpha_p z_{t-p} = 0 \tag{3-9}$$

3.2.1.3.2　齐次线性差分方程的解

设 $z_t = \lambda^t$，代入齐次线性差分方程式（3-9）得：

$$\lambda^t + \alpha_1 \lambda^{t-1} + \alpha_2 \lambda^{t-2} + \cdots + \alpha_p \lambda^{t-p} = 0 \tag{3-10}$$

方程两边同除以 λ^{t-p}，得特征方程：

$$\lambda^p + \alpha_1 \lambda^{p-1} + \alpha_2 \lambda^{p-2} + \cdots + \alpha_p = 0 \tag{3-11}$$

这是一个一元 p 次方程，应该至少有 p 个非零根，称这 p 个根为特征方程式（3-11）的特征根，不妨记作 λ_1，λ_2，$\cdots$，λ_p。根据特征根取值情况的不同，齐次线性差分方程（3-9）的解会有不同的表达形式。

（1）如果 λ_1，λ_2，$\cdots$，λ_p 为 p 个不同的实根，方程式（3-9）的解为：
$z_t = c_1 \lambda_1^t + c_2 \lambda_2^t + \cdots + c_p \lambda_p^t$，$c_1$，$c_2$，$\cdots$，$c_p$ 为任意常数。

（2）如果 λ_1，λ_2，$\cdots$，λ_p 中有相同实根，假设 λ_1，λ_2，$\cdots$，λ_d 为 d 个相同实根，而 λ_{d+1}，λ_{d+2}，$\cdots$，λ_p 为不同实根，则式（3-9）的解为：
$z_t = (c_1 + c_2 t + \cdots + c_d t^{d-1}) + c_{d+1} \lambda_{d+1}^t + c_{d+2} \lambda_{d+2}^t + \cdots + c_p \lambda_p^t$，$c_1$，$c_2$，$\cdots$，$c_p$ 为任意常数。

（3）λ_1，λ_2，$\cdots$，λ_d 中有复根。对于实系数差分方程式（3-9），其复根必为共轭复根。设 $\lambda_1 = a + bi = re^{i\bar{w}}$，$\lambda_2 = a - bi = re^{-i\bar{w}}$ 为一对共轭复根，其中，$r = \sqrt{a^2 + b^2}$，$\bar{w} = \arccos \dfrac{a}{r}$，而 λ_3，λ_4，$\cdots$，λ_p 为互不相等的实根。则齐次线性方程式（3-9）的解为：

$$z_t = c_1 \lambda_1^t + c_2 \lambda_2^t + \cdots + c_p \lambda_p^t = r^2(c_1 e^{i\bar{w}} + c_2 e^{-i\bar{w}}) + c_3 \lambda_3^t + c_4 \lambda_4^t + \cdots + c_p \lambda_p^t$$

其中，c_1，c_2，$\cdots$，c_p 为任意常数。

3.2.1.3.3　非齐次线性差分方程的解

线性差分方程式（3-8）的解是齐次线性差分方程式（3-9）的通解+非齐次线性差分方程式（3-8）的一个特解。

3.2.1.3.4　线性差分方程的意义

线性差分方程在时间序列分析中有重要的应用，因为常用的时间序列模型及其自协方差函数和自相关系数都可以看作一个线性差分方程，而线性差分方程对应特征根的性质也是判断模型是否平稳的重要依据。

3.2.2 ARMA 模型的性质

3.2.2.1 AR 模型

3.2.2.1.1 定义

具有如下结构的模型称为 p 阶自回归模型，简记为 AR（P）模型：

$$\begin{cases} x_t = \phi_0 + \phi_1 x_{t-1} + \phi_2 x_{t-2} + \cdots + \phi_p x_{t-p} + \varepsilon_t \\ \phi_p \neq 0 \\ E(\varepsilon_t) = 0, \ Var(\varepsilon_t) = \sigma_\varepsilon^2, \ Cov(\varepsilon_t \varepsilon_s) = 0, \ s \neq t \\ E(\varepsilon_t x_s) = 0, \ \forall s < t \end{cases} \quad (3-12)$$

（1）AR（P）模型的基本假定。①$\phi_p \neq 0$，保证了模型的最高阶数为 p 阶。②$E(\varepsilon_t) = 0$，$Var(\varepsilon_t) = \sigma_\varepsilon^2$，$Cov(\varepsilon_t \varepsilon_s) = 0$，$s \neq t$，要求随机干扰序列 $\{\varepsilon_t\}$ 为零均值白噪声序列。③$E(\varepsilon_t x_s) = 0$，$\forall s < t$，说明当期的随机干扰与过去的序列值无关。

通常情况下，记 $AR(p)$ 模型为：

$$x_t = \phi_0 + \phi_1 x_{t-1} + \phi_2 x_{t-2} + \cdots + \phi_p x_{t-p} + \varepsilon_t \quad (3-13)$$

（2）中心化的 $AR(p)$ 模型。如果 $\phi_0 = 0$，则以上自回归模型称为中心化的 $AR(p)$ 模型，即：

$$x_t = \phi_1 x_{t-1} + \phi_2 x_{t-2} + \cdots + \phi_p x_{t-p} + \varepsilon_t \quad (3-14)$$

如无特别说明，后面的分析将针对中心化的模型进行。

（3）用延迟算子表示中心化的 $AR(p)$ 模型。

$$(1 - \phi_1 B - \phi_2 B^2 - \cdots - \phi_p B^p) x_t = \varepsilon_t$$
$$\Phi(B) x_t = \varepsilon_t \quad (3-15)$$

其中，$\Phi(B) = (1 - \phi_1 B - \phi_2 B^2 - \cdots - \phi_p B^p)$ 称为 p 阶自回归系数多项式。自回归模型描述了后一时刻的行为与前面时刻的行为有关。

3.2.2.1.2 格林（Green）函数及传递形式

设 λ_1，λ_2，$\cdots$，λ_p 为平稳 $AR(p)$ 模型的特征根，即 $\Phi(B) x_t = 0$ 的特征根。任取 λ_i，$i = 1, 2, \cdots, p$ 代入特征方程得：

$$\lambda_i^p - \phi_1 \lambda_i^{p-1} - \phi_2 \lambda_i^{p-2} - \cdots - \phi_p = 0 \quad (3-16)$$

设 μ_1，μ_2，$\cdots$，μ_p 为特征多项式 $\Phi(u) = 0$ 的根，任取 μ_i，$i = 1, 2, \cdots, p$ 代入方程得：

$$1 - \phi_1 \mu_i - \phi_2 \mu_i^2 - \cdots - \phi_p \mu_i^p = 0 \quad (3-17)$$

上式两边同时除以 μ_i^p 得：

$$\left(\frac{1}{\mu_i}\right)^p - \phi_1\left(\frac{1}{\mu_i}\right)^{p-1} - \phi_2\left(\frac{1}{\mu_i}\right)^{p-2} - \cdots - \phi_p = 0 \qquad (3-18)$$

可见式（3-18）与式（3-16）在形式上完全相同，因此，$AR(p)$ 模型自回归系数多项式 $\Phi(u) = 0$ 的根 μ_i，$i = 1, 2, \cdots, p$ 是齐次线性差分方程 $\Phi(B)x_t = 0$ 特征根 λ_i，$i = 1, 2, \cdots, p$ 的倒数，即 $\mu_i = \dfrac{1}{\lambda_i}$。

由 $\mu_1, \mu_2, \cdots, \mu_p$ 为特征多项式 $\Phi(u) = 0$ 的根可知：

$$\Phi(B) = 1 - \phi_1 B - \phi_2 B^2 - \cdots - \phi_p B^p = \prod_{i=1}^{p}(\mu_i - B) = \prod_{i=1}^{p}(1 - \lambda_i B) \qquad (3-19)$$

所以，$AR(P)$ 模型可写作：

$$
\begin{aligned}
x_t &= \frac{\varepsilon_t}{\Phi(B)} = \frac{\varepsilon_t}{\prod\limits_{i=1}^{p}(1 - \lambda_i B)} = \left(\frac{1}{1 - \lambda_1 B} \cdot \frac{1}{1 - \lambda_2 B} \cdots \frac{1}{1 - \lambda_p B}\right) \cdot \varepsilon_t \\
&= \left(\frac{k_1}{1 - \lambda_1 B} + \frac{k_2}{1 - \lambda_2 B} + \cdots + \frac{k_p}{1 - \lambda_p B}\right) \cdot \varepsilon_t \\
&\quad (k_i, \ i = 1, 2, \cdots, p \ \text{为任意常数}) \\
&= \sum_{i=1}^{p} \frac{k_i}{1 - \lambda_i B}\varepsilon_t \\
&= \sum_{i=1}^{p}(1 + \lambda_i B + \lambda_i^2 B^2 + \cdots + \lambda_i^j B^j + \cdots)k_i\varepsilon_t \\
&= \sum_{i=1}^{p}\sum_{j=0}^{\infty}(\lambda_i B)^j k_i\varepsilon_t \\
&= \sum_{j=0}^{\infty}\sum_{i=1}^{p}\lambda_i^j k_i\varepsilon_{t-j}\left(\diamondsuit\ G_j = \sum_{i=1}^{p}\lambda_i^j k_i\right) \\
&= \sum_{j=0}^{\infty}G_j\varepsilon_{t-j} \qquad\qquad\qquad\qquad\qquad (3-20)
\end{aligned}
$$

称 $G_j = \sum\limits_{i=1}^{p}\lambda_i^j k_i$ 为格林函数，则原模型为：

$$x_t = G_0\varepsilon_t + G_1\varepsilon_{t-1} + \cdots + G_j\varepsilon_{t-j} + \cdots \qquad (3-21)$$

式（3-21）表明，格林函数是前 j 个时刻以前进入系统的随机扰动 $\varepsilon_{t-j}(j = 0, 1, \cdots)$ 对系统现在行为即序列值 x_t 影响的权数，该形式也被称为 $AR(P)$ 模型的传递形式。

根据待定系数法（略）可以推出格林函数的递推公式：

$$
\begin{cases}
G_0 = 1 \\
G_j = \sum\limits_{k=1}^{j}\phi_k{}' G_{j-k}, \ j = 1, 2, \cdots
\end{cases}
\quad \text{其中，} \phi_k{}' =
\begin{cases}
\phi_k, & k \leqslant p \\
0, & k > p
\end{cases}
\qquad (3-22)
$$

例如，对于 $AR(1)$ 模型，$p = 1$

$$G_0 = 1$$
$$G_1 = \phi'_1 G_0 = \phi_1$$
$$G_2 = \phi'_1 G_1 + \phi'_2 G_0 = \phi_1^2$$
$$\cdots$$

对于 $AR(2)$ 模型，$p = 2$

$$G_0 = 1$$

$$G_1 = \phi'_1 G_0 = \phi_1$$

$$G_2 = \phi'_1 G_1 + \phi'_2 G_0 = \phi_1^2 + \phi_2$$

$$G_3 = \phi'_1 G_2 + \phi'_2 G_1 + \phi'_3 G_0 = \phi_1(\phi_1^2 + \phi_2) + \phi_2\phi_1 = \phi_1^3 + 2\phi_2\phi_1$$

…

3.2.2.1.3 $AR(p)$ 模型平稳性判别

要拟合一个平稳序列的趋势，用来拟合的模型显然应该是平稳的，$AR(p)$ 模型是常用的用来拟合平稳序列的模型之一。但并非所有的 $AR(p)$ 模型都是平稳的，因此，需要判别模型的平稳性。

3.2.2.1.3.1 特征根判别法

对于一个自回归系统 $x_t = G_0\varepsilon_t + G_1\varepsilon_{t-1} + \cdots + G_j\varepsilon_{t-j} + \cdots$（传递形式），要使 x_t 平稳，必须满足：随着 $j \to \infty$，扰动项对 x_t 的影响逐渐减少，直至趋于 0，即系统随着时间的增长回到均衡位置。那么，该系统就是稳定的，因此，用格林函数表示就是：

$$\lim_{j\to\infty} G_j = 0 \tag{3-23}$$

$$G_j = \sum_{i=1}^{p} \lambda_i^j k_i = k_1\lambda_1^j + k_2\lambda_2^j + \cdots + k_p\lambda_p^j \tag{3-24}$$

式（3-24）中，当且仅当 $|\lambda_i| < 1$，$i = 1, 2, \cdots, p$ 时，$\lim\limits_{j\to\infty} G_j = 0$，$AR(P)$ 模型平稳，即 p 阶齐次线性差分方程 $\Phi(B)x_t = 0$ 的特征根（λ_i，$i = 1, 2, \cdots, p$）都在单位圆内，或者 $\Phi(B) = 0$ 的根（u_i，$i = 1, 2, \cdots, p$）全部在单位圆外。

这就是说，要判断一个模型是否平稳，需解其特征方程，判断特征根的情况。那么，是否可以直接从模型的形式或自回归系数的大小来判断？

3.2.2.1.3.2 自回归系数判别法及平稳域的概念

（1）对于 $AR(1)$ 模型：$x_t = \phi_1 x_{t-1} + \varepsilon_t$。特征方程为 $\lambda - \phi_1 = 0$，即 $\lambda = \phi_1$。由平稳性条件 $|\lambda| < 1$ 得，$|\phi_1| < 1$ 时，模型平稳。则其平稳域为：

$$-1 < \phi_1 < 1 \tag{3-25}$$

（2）对于 $AR(2)$ 模型：$x_t = \phi_1 x_{t-1} + \phi_2 x_{t-2} + \varepsilon_t$。特征方程为 $\lambda^2 - \phi_1\lambda - \phi_2 = 0$，根据 $AR(2)$ 模型平稳的条件 $|\lambda_1| < 1$ 及 $|\lambda_2| < 1$，由根与系数的关系 $\lambda_1 + \lambda_2 = \phi_1$，$\lambda_1\lambda_2 = -\phi_2$ 得：

$$|\phi_2| = |\lambda_1\lambda_2| < 1 \tag{3-26}$$

$\because \lambda_1 < 1$，$\therefore \lambda_1(1 - \lambda_2) < (1 - \lambda_2)$

$\lambda_1 - \lambda_1\lambda_2 < 1 - \lambda_2$，$\lambda_1 + \lambda_2 - \lambda_1\lambda_2 < 1$，即：

$$\phi_2 + \phi_1 < 1 \tag{3-27}$$

又 $\because \lambda_1 > -1$，$\therefore \lambda_1(1 + \lambda_2) > -(1 + \lambda_2)$，$\therefore -(\lambda_1 + \lambda_2) - \lambda_1\lambda_2 < 1$，即：

$$\phi_2 - \phi_1 < 1 \tag{3-28}$$

式（3-26）、式（3-27）、式（3-28）共同构成 $AR(2)$ 模型的平稳域。

3.2.2.1.4　平稳 $AR(p)$ 模型的统计性质

3.2.2.1.4.1　均值

对于平稳序列 $x_t = \phi_0 + \phi_1 x_{t-1} + \phi_2 x_{t-2} + \cdots + \phi_p x_{t-p} + \varepsilon_t$

$\because Ex_t = \mu$，$\forall t \in T$，对模型两边同时取期望得：

$$Ex_t = E(\phi_0 + \phi_1 x_{t-1} + \phi_2 x_{t-2} + \cdots + \phi_p x_{t-p} + \varepsilon_t)$$
$$= \phi_0 + \phi_1 \mu + \phi_2 \mu + \cdots + \phi_p \mu = \mu$$

则：

$$\mu = \frac{\phi_0}{1 - \phi_1 - \phi_2 - \cdots - \phi_p} \tag{3-29}$$

对于中心化的 $AR(p)$ 模型，由于 $\phi_0 = 0$，所以，均值 $\mu = 0$。

3.2.2.1.4.2　方差

$\because x_t = \sum\limits_{j=0}^{\infty} G_j \varepsilon_{t-j}$，对模型取方差：

$$Var(x_t) = \sum_{j=0}^{\infty} G_j^2 Var(\varepsilon_{t-j}) = \sum_{j=0}^{\infty} G_j^2 \sigma_\varepsilon^2 \tag{3-30}$$

对于平稳序列，当 $j \to \infty$ 时，G_j 收敛，$\sum\limits_{j=0}^{\infty} G_j^2 \sigma_\varepsilon^2$ 存在。

所以，平稳序列 $\{x_t\}$ 方差有界，且等于常数 $\sum\limits_{j=0}^{\infty} G_j^2 \sigma_\varepsilon^2$。

例如，求 $AR(1)$ 模型的方差。

由前面分析可知，$AR(1)$ 模型的格林函数为 $G_j = \phi_1^j$。

所以，方差为：

$$Var(x_t) = \sum_{j=0}^{\infty} G_j^2 \sigma_\varepsilon^2 = \sum_{j=0}^{\infty} \phi_1^{2j} \sigma_\varepsilon^2 = [1 + \phi_1^2 + (\phi_1^2)^2 + \cdots] \sigma_\varepsilon^2 = \frac{\sigma_\varepsilon^2}{1 - \phi_1^2} \tag{3-31}$$

$AR(2)$ 模型的方差（计算过程略）为：

$$Var(x_t) = \frac{1 - \phi_2}{(1 + \phi_2)(1 - \phi_1 - \phi_2)(1 + \phi_1 - \phi_2)} \sigma_\varepsilon^2 \tag{3-32}$$

3.2.2.1.4.3　自协方差函数

在平稳模型 $x_t = \phi_1 x_{t-1} + \phi_2 x_{t-2} + \cdots + \phi_p x_{t-p} + \varepsilon_t$ 两边同时乘以 x_{t-k}，$\forall k \geq 1$，再取期望得：

$$Ex_t x_{t-k} = \phi_1 Ex_{t-1} x_{t-k} + \phi_2 Ex_{t-2} x_{t-k} + \cdots + \phi_p Ex_{t-p} x_{t-k}　(E\varepsilon_t x_{t-k} = 0) \tag{3-33}$$

所以，自协方差函数的递推公式为：

$$\gamma_k = \phi_1 \gamma_{k-1} + \phi_2 \gamma_{k-2} + \cdots + \phi_p \gamma_{k-p} \tag{3-34}$$

3.2.2.1.4.4　自相关系数拖尾

（1）递推公式。由于 $\rho_k = \dfrac{\gamma_k}{\gamma_0}$，在自协方差函数等式两边同时除以方差 γ_0，就得到自

相关系数的递推公式：

$$\rho_k = \phi_1\rho_{k-1} + \phi_2\rho_{k-2} + \cdots + \phi_p\rho_{k-p} \tag{3-35}$$

（2）自相关系数的性质。

其一，拖尾性：ρ_k 始终有非零取值，不会在 k 大于某个常数之后恒等于 0。

其二，负指数衰减：随着时间的推移，ρ_k 会迅速衰减，衰减速度为 λ^k（负指数，$|\lambda| < 1$，短期相关性），λ 为 p 阶齐次线性差分方程 $\rho_k = 0$ 的特征根。

3.2.2.1.4.5　偏自相关系数截尾

（1）含义。对于平稳的 $AR(p)$ 模型，滞后 k 自相关系数 ρ_k 实际上并不是 x_t 与 x_{t-k} 之间单纯相关关系的度量，因为 x_t 同时还受到中间 $k - 1$ 个随机变量 x_{t-1}，x_{t-2}，$\cdots$，$x_{t-(k-1)}$ 的影响，而这 $k - 1$ 个随机变量又都和 x_{t-k} 具有相关关系。因此，自相关系数 ρ_k 实际上掺杂了其他变量对 x_t 与 x_{t-k} 关系的影响。偏自相关系数则是单纯测度 x_{t-k} 对 x_t 的影响。具体说，对于平稳序列 $\{x_t\}$，滞后 k 偏自相关系数就是指在给定中间 $k - 1$ 个随机变量 x_{t-1}，x_{t-2}，$\cdots$，$x_{t-(k-1)}$ 的条件下，或者说，在剔除了中间 $k - 1$ 个随机变量的干扰之后，x_{t-k} 对 x_t 影响的相关性度量。可见，偏自相关系数的定义与回归分析中偏回归系数的定义非常相似，因此，可以从线性回归的角度，计算偏自相关系数。

（2）计算。假定 $\{x_t\}$ 为中心化平稳序列，用过去的 k 期序列值 x_{t-1}，x_{t-2}，$\cdots$，x_{t-k} 对 x_t 作 k 阶自回归拟合，即：

$$x_t = \phi_{k1}x_{t-1} + \phi_{k2}x_{t-2} + \cdots + \phi_{kk}x_{t-k} + \varepsilon_t \tag{3-36}$$

由以上分析可知，ϕ_{kk} 即为排除中间 $k - 1$ 个变量 x_{t-1}，x_{t-2}，$\cdots$，$x_{t-(k-1)}$ 的干扰之后，x_{t-k} 对 x_t 的影响的单纯度量，因此，可根据回归系数的求法求出 ϕ_{kk} 的值（过程略）。

（3）偏自相关系数 p 步截尾性。可以证明，偏自相关系数具有 p 步截尾性的特征，前面学过 $AR(p)$ 模型自相关系数具有拖尾性，这两条是识别 $AR(p)$ 模型的主要依据，即如果序列的自相关系数 ρ_k 拖尾，偏自相关系数 ϕ_{kk} p 阶截尾，则应该选择 $AR(p)$ 模型拟合该序列。

3.2.2.2　MA 模型

3.2.2.2.1　定义

（1）定义。具有如下结构的模型称为 q 阶移动平均模型，简记为 $MA(q)$ 模型：

$$x_t = \mu + \varepsilon_t - \theta_1\varepsilon_{t-1} - \theta_2\varepsilon_{t-2} - \cdots - \theta_q\varepsilon_{t-q} \tag{3-37}$$

（2）$MA(q)$ 模型的基本假定。① $\theta_q \neq 0$，保证了模型的最高阶数为 q 阶；② $E(\varepsilon_t) = 0$，$Var(\varepsilon_t) = \sigma_\varepsilon^2$，$Cov(\varepsilon_t\varepsilon_s) = 0$，$s \neq t$，即要求随机干扰序列 $\{\varepsilon_t\}$ 为零均值白噪声序列。

（3）中心化的 $MA(q)$ 模型。如果 $\mu = 0$，则以上移动平均模型称为中心化的 $MA(q)$ 模型：

$$x_t = \varepsilon_t - \theta_1\varepsilon_{t-1} - \theta_2\varepsilon_{t-2} - \cdots - \theta_q\varepsilon_{t-q}$$

如无特别说明，后面的分析将针对中心化的模型进行。

（4）用延迟算子表示 $MA(q)$ 模型。

$$x_t = (1 - \theta_1 B - \theta_2 B^2 - \cdots - \theta_q B^q) \varepsilon_t$$
$$x_t = \Theta(B) \varepsilon_t \tag{3-38}$$

其中，$\Theta(B) = (1 - \theta_1 B - \theta_2 B^2 - \cdots - \theta_q B^q)$，称为 q 阶移动平均系数多项式。

3.2.2.2.2 MA 模型的统计性质

（1）常数均值。当 $q < \infty$ 时（有限阶）则：

$$Ex_t = E(\mu + \varepsilon_t - \theta_1 \varepsilon_{t-1} - \theta_2 \varepsilon_{t-2} - \cdots - \theta_q \varepsilon_{t-q}) = \mu \tag{3-39}$$

当 $\mu = 0$ 时，$Ex_t = 0$。

（2）常数方差。

$$Var(x_t) = Var(\mu + \varepsilon_t - \theta_1 \varepsilon_{t-1} - \theta_2 \varepsilon_{t-2} - \cdots - \theta_q \varepsilon_{t-q}) = (1 + \theta_1^2 + \cdots \theta_q^2) \sigma_\varepsilon^2 \tag{3-40}$$

（3）自协方差函数只与滞后阶数相关，且 q 阶截尾。

$$
\begin{aligned}
\gamma_k &= E(x_t \cdot x_{t-k}) \\
&= E(\varepsilon_t - \theta_1 \varepsilon_{t-1} - \theta_2 \varepsilon_{t-2} - \cdots - \theta_q \varepsilon_{t-q}) \\
&\quad (\varepsilon_{t-k} - \theta_1 \varepsilon_{t-1-k} - \theta_2 \varepsilon_{t-2-k} - \cdots - \theta_q \varepsilon_{t-q-k}) \\
&= \begin{cases} (1 + \theta_1^2 + \cdots \theta_q^2) \sigma_\varepsilon^2, & k = 0 \\ (-\theta_k + \sum\limits_{i=1}^{q-k} \theta_i \theta_{k+i}) \sigma_\varepsilon^2, & 1 \leqslant k \leqslant q \\ 0, & k > q \end{cases}
\end{aligned} \tag{3-41}
$$

（4）偏自相关系数 q 阶截尾。

$$\rho_k = \frac{\gamma_k}{\gamma_0} = \begin{cases} 1 & k = 0 \\ \dfrac{-\theta_k + \sum\limits_{i=1}^{q-k} \theta_i \theta_{k+i}}{1 + \theta_1^2 + \cdots \theta_q^2}, & 1 \leqslant k \leqslant q \\ 0 & k > q \end{cases} \tag{3-42}$$

（5）偏自相关系数拖尾。$MA(q)$ 模型的 ϕ_{kk} 拖尾（证明略）。综上，得出以下结论：第一，有限阶的 MA 模型一定是平稳的（因为均值和方差均为常数）；第二，MA 模型的自相关系数 q 阶截尾，偏自相关系数 ϕ_{kk} 拖尾（AR 模型则正好相反）。

3.2.2.2.3 $MA(q)$ 模型的可逆性

考察以下两个 $MA(1)$ 模型 $x_t = \varepsilon_t - 2\varepsilon_{t-1}$ 与 $x_t = \varepsilon_t - \dfrac{1}{2} \varepsilon_{t-1}$ 可知，两者具有相同的自相关系数图，经计算，自相关系数也相同；两个 $MA(2)$ 模型 $x_t = \varepsilon_t - \dfrac{4}{5} \varepsilon_{t-1} + \dfrac{16}{25} \varepsilon_{t-2}$ 和 $x_t = \varepsilon_t - \dfrac{5}{4} \varepsilon_{t-1} + \dfrac{25}{16} \varepsilon_{t-2}$ 也具有相同的自相关系数图，经计算系数也相同。可见，相同的自相关系数 ρ_k 却对应不同的 MA 模型，这种自相关系数的不唯一性给下一步的模型识别工作带来困扰。因为时间序列建模的主要依据就是样本自相关系数所显示出的特征，如果自相关系数和模型之间不是一一对应的关系，就会导致研究序列与待选模型之间不是一一对应关系。

为了保证一个给定的 ρ_k 对应唯一一个 MA 模型，就必须给 MA 模型施加约束条件——可逆性。

3.2.2.2.3.1　可逆的定义

以上例子表明，两个 $MA(1)$ 模型具有如下结构关系时，其自相关系数 ρ_k 相同：

$$x_t = \varepsilon_t - \theta_1 \varepsilon_{t-1} \text{ 和 } x_t = \varepsilon_t - \frac{1}{\theta_1} \varepsilon_{t-1}$$

模型 $x_t = \varepsilon_t - \theta_1 \varepsilon_{t-1}$ 可写作：

$$\varepsilon_t = \frac{x_t}{1 - \theta_1 B} = (1 + \theta_1 B + (\theta_1 B)^2 + \cdots + (\theta_1 B)^j + \cdots) x_t$$

$$= x_t + \theta_1 x_{t-1} + \cdots + \theta_1^j x_{t-j} + \cdots \tag{3-43}$$

观察式（3-43）的推导过程及结论可见，我们将一个 $MA(1)$ 模型变形为一个无穷阶的 AR 模型。要想使这一无穷阶的 AR 模型收敛，可以看出，必须保证 $\lim_{j \to \infty} \theta_1^j = 0$，即 $|\theta_1| < 1$。

模型 $x_t = \varepsilon_t - \dfrac{1}{\theta_1} \varepsilon_{t-1}$ 可写作 $\varepsilon_t = \dfrac{x_t}{1 - \dfrac{1}{\theta_1} B}$，由以上推导可知，要将其写成收敛的 AR 模型，需保证 $\left| \dfrac{1}{\theta_1} \right| < 1$，即 $|\theta_1| > 1$。

可见，对于具有类似关系的 $MA(q)$ 模型，在 θ_1 取既定值的条件下，两者之间只有一个可以写成收敛的 AR 模型。于是有如下定义：

若一个 $MA(q)$ 模型能够表示为收敛的 $AR(p)$ 模型形式，那么该模型称为可逆的 $MA(q)$ 模型，一个自相关系数 ρ_k 唯一对应一个可逆的 $MA(q)$ 模型。

3.2.2.2.3.2　$MA(q)$ 模型的逆转形式及可逆函数

用延迟算子表示 $MA(q)$ 模型为：$x_t = \Theta(B) \varepsilon_t$。

设 λ_1，λ_2，$\cdots$，λ_q 为 $MA(q)$ 模型的特征根，即 $\Theta(B) \varepsilon_t = 0$ 的特征根。任取 λ_i，$i = 1$，2，$\cdots$，q 代入特征方程得：

$$\lambda_i^q - \theta_1 \lambda_i^{q-1} - \theta_2 \lambda_i^{q-2} - \cdots - \theta_q = 0 \tag{3-44}$$

设 μ_1，μ_2，$\cdots$，μ_q 为特征多项式 $\Theta(B) = 0$ 的根，任取 μ_i，$i = 1$，2，$\cdots$，q 代入方程得：

$$1 - \theta_1 \mu_i - \theta_2 \mu_i^2 - \cdots - \theta_q \mu_i^q = 0 \tag{3-45}$$

在式（3-45）方程两边同时除以 μ_i^q 得：

$$\left(\frac{1}{\mu_i} \right)^q - \theta_1 \left(\frac{1}{\mu_i} \right)^{q-1} - \theta_2 \left(\frac{1}{\mu_i} \right)^{q-2} - \cdots - \theta_q = 0 \tag{3-46}$$

由于式（3-46）与式（3-44）的形式完全相同，于是可得出结论：$MA(q)$ 模型移动平均系数多项式 $\Theta(B) = 0$ 的根 μ_i 与齐次线性差分方程 $\Theta(B) \varepsilon_t = 0$ 的特征根 λ_i 互为倒数，即 $\mu_i = \dfrac{1}{\lambda_i}$。

由 μ_1, μ_2, $\cdots$, μ_q 为特征多项式 $\Theta(B) = 0$ 的根可知:

$$\Theta(B) = 1 - \theta_1 B - \theta_2 B^2 - \cdots - \theta_q B^q = \prod_{i=1}^{q}(\mu_i - B) = \prod_{i=1}^{q}(1 - \lambda_i B) \tag{3-47}$$

所以, $\varepsilon_t = \dfrac{x_t}{\Theta(B)} = \dfrac{x_t}{\prod_{i=1}^{q}(1 - \lambda_i B)} = \left(\dfrac{1}{1 - \lambda_1 B} \cdot \dfrac{1}{1 - \lambda_2 B} \cdots \dfrac{1}{1 - \lambda_q B}\right) \cdot x_t$

$$= \left(\frac{k_1}{1 - \lambda_1 B} + \frac{k_2}{1 - \lambda_2 B} + \cdots + \frac{k_q}{1 - \lambda_q B}\right) \cdot x_t \text{ (} k_i \text{ 为任意常数)}$$

$$= \sum_{i=1}^{q} \frac{k_i}{1 - \lambda_i B} x_t$$

$$= \sum_{i=1}^{q}(1 + \lambda_i B + \lambda_i^2 B^2 + \cdots + \lambda_i^j B^j + \cdots) k_i x_t$$

$$= \sum_{i=1}^{q}\sum_{j=0}^{\infty}(\lambda_i B)^j k_i x_t$$

$$= \sum_{j=0}^{\infty}\sum_{i=1}^{q}\lambda_i^j k_i x_{t-j}(\diamondsuit I_j = \sum_{i=1}^{q}\lambda_i^j k_i)$$

$$= \sum_{j=0}^{\infty} I_j x_{t-j}$$

$$= I_0 x_t + I_1 x_{t-1} + \cdots + I_j x_{t-j} + \cdots \tag{3-48}$$

式(3-48)的推导过程表明,一个 $MA(q)$ 模型可以写成一个无穷阶 AR 模型的形式,称为 $MA(q)$ 模型的可逆形式。其中,$I_j = \sum_{i=1}^{q}\lambda_i^j k_i$ 称为可逆函数。

同理,根据待定系数法可以推出可逆函数的递推公式(略):

$$\begin{cases} I_0 = 1 \\ I_j = \sum_{k=1}^{j}\theta_k' I_{j-k}, \ j = 1, 2, \cdots \end{cases} \text{ 其中, } \theta_k' = \begin{cases} \theta_k, \ k \leq q \\ 0, \ k > q \end{cases} \tag{3-49}$$

例如,对于 $MA(1)$ 模型, $q = 1$

$$I_0 = 1$$
$$I_1 = \theta_1' I_0 = \theta_1$$
$$I_2 = \theta_1' I_1 + \theta_2' I_0 = \theta_1^2$$
$$\cdots$$

对于 $MA(2)$ 模型, $q = 2$

$$I_0 = 1$$
$$I_1 = \theta_1' I_0 = \theta_1$$
$$I_2 = \theta_1' I_1 + \theta_2' I_0 = \theta_1^2 + \theta_2$$
$$I_3 = \theta_1' I_2 + \theta_2' I_1 + \theta_3' I_0 = \theta_1 I_2 + \theta_2 I_1 = \theta_1^3 + 2\theta_1\theta_2$$
$$\cdots$$

【总结】

$AR(p)$ 模型的传递形式 $x_t = \sum_{j=0}^{\infty} G_j \varepsilon_{t-j}$ 是把 AR 模型写作无穷阶的 MA 模型。

$MA(q)$ 模型的逆转形式 $\varepsilon_t = \sum\limits_{j=0}^{\infty} I_j x_{t-j}$ 是把 MA 模型写作无穷阶的 AR 模型。

3.2.2.2.3.3　可逆性判别

3.2.2.2.3.3.1　特征根判别法

对于一个移动平均系统，其逆转形势为：$\varepsilon_t = I_0 x_t + I_1 x_{t-1} + \cdots + I_j x_{t-j} + \cdots$，当该形式收敛时，称 x_t 可逆。因此，需满足 $\lim\limits_{j \to \infty} I_j = 0$，即：

$$\lim_{j \to \infty} I_j = \lim_{j \to \infty} \sum_{i=1}^{q} \lambda_i^j k_i = \lim_{j \to \infty} (k_1 \lambda_1^j + k_2 \lambda_2^j + \cdots + k_q \lambda_q^j) = 0 \tag{3-50}$$

式（3-50）中，当且仅当 $|\lambda_i| < 1$，$i = 1, 2, \cdots, q$ 时，$\lim\limits_{j \to \infty} I_j = 0$，即 q 阶齐次线性差分方程 $\Theta(B) \varepsilon_t = 0$ 特征根都在单位圆内，或者 $\Theta(B) = 0$ 的根全部在单位圆外。

这就是说，要判断一个 $MA(q)$ 模型是否可逆，需解其特征方程，判断特征根的情况。那么，是否可以直接从模型的形式或移动平均系数的大小来判断？

3.2.2.2.3.3.2　移动平均系数判别法

其一，对于 $MA(1)$ 模型 $x_t = \varepsilon_t - \theta_1 \varepsilon_{t-1}$，特征方程为 $\lambda - \theta_1 = 0$，$\lambda = \theta_1$，

由可逆所满足的条件 $|\lambda| < 1$ 得，当 $|\theta_1| < 1$ 时，上述 $MA(1)$ 模型可逆。

其二，对于 $MA(2)$ 模型 $x_t = \varepsilon_t - \theta_1 \varepsilon_{t-1} - \theta_2 \varepsilon_{t-2}$，特征方程为 $\lambda^2 - \theta_1 \lambda - \theta_2 = 0$，根据 $MA(2)$ 模型可逆的条件 $|\lambda_1| < 1$，$|\lambda_2| < 1$ 以及一元二次方程根与系数的关系 $\lambda_1 + \lambda_2 = \theta_1$，$\lambda_1 \lambda_2 = -\theta_2$ 得：

$$|\theta_2| = |\lambda_1 \lambda_2| < 1 \tag{3-51}$$

$\because \lambda_1 < 1$，$\therefore \lambda_1 (1 - \lambda_2) < (1 - \lambda_2)$

$\lambda_1 - \lambda_1 \lambda_2 < 1 - \lambda_2$，$\lambda_1 + \lambda_2 - \lambda_1 \lambda_2 < 1$，即：

$$\theta_2 + \theta_1 < 1 \tag{3-52}$$

又 $\because \lambda_1 > -1$，$\therefore \lambda_1 (1 + \lambda_2) > -(1 + \lambda_2)$，$\therefore -(\lambda_1 + \lambda_2) - \lambda_1 \lambda_2 < 1$，即：

$$\theta_2 - \theta_1 < 1 \tag{3-53}$$

以上三个条件为判断 $MA(2)$ 模型可逆的系数条件。

3.2.2.3　$ARMA(p, q)$ 模型

3.2.2.3.1　定义

（1）定义。具有如下结构的模型称为自回归移动平均模型，简记为 $ARMA(p, q)$ 模型：

$$x_t = \phi_0 + \phi_1 x_{t-1} + \phi_2 x_{t-2} + \cdots + \phi_p x_{t-p} + \varepsilon_t - \theta_1 \varepsilon_{t-1} - \theta_2 \varepsilon_{t-2} - \cdots - \theta_q \varepsilon_{t-q}$$

（2）$ARMA(p, q)$ 模型的基本假定。

其一，$\phi_p \neq 0$，$\theta_q \neq 0$，保证了模型的自回归最高阶数为 p 阶，移动平均最高阶数为 q 阶。

其二，$E(\varepsilon_t) = 0$，$Var(\varepsilon_t) = \sigma_\varepsilon^2$，$Cov(\varepsilon_t \varepsilon_s) = 0$，$s \neq t$，要求随机干扰序列 $\{\varepsilon_t\}$ 为零均值白噪声序列。

其三，$E(\varepsilon_t x_s) = 0$，$\forall s < t$，说明当期的随机干扰与过去的序列值无关。

（3）中心化的 $ARMA(p, q)$ 模型。如果 $\phi_0 = 0$，则以上自回归移动平均模型称为中心化的 $ARMA(p, q)$ 模型，即：

$$x_t = \phi_1 x_{t-1} + \phi_2 x_{t-2} + \cdots + \phi_p x_{t-p} + \varepsilon_t - \theta_1 \varepsilon_{t-1} - \theta_2 \varepsilon_{t-2} - \cdots - \theta_q \varepsilon_{t-q}$$

如无特别说明，后面的分析将针对中心化的模型进行。

（4）用延迟算子表示 $ARMA(p, q)$ 模型。

$$(1 - \phi_1 B - \phi_2 B^2 - \cdots - \phi_p B^p) x_t = (1 - \theta_1 B - \theta_2 B^2 - \cdots - \theta_q B^q) \varepsilon_t$$
$$\Phi(B) x_t = \Theta(B) \varepsilon_t$$

$\Phi(B) = (1 - \phi_1 B - \phi_2 B^2 - \cdots - \phi_p B^p)$ 称为 p 阶自回归系数多项式。

$\Theta(B) = (1 - \theta_1 B - \theta_2 B^2 - \cdots - \theta_q B^q)$ 称为 q 阶移动平均系数多项式。

可见，当 $q = 0$ 时，$\Phi(B) x_t = \varepsilon_t$，$ARMA(p, q)$ 模型就退化为 $AR(p)$ 模型，当 $p = 0$ 时，$x_t = \Theta(B) \varepsilon_t$，$ARMA(p, q)$ 模型就退化为 $MA(q)$ 模型。所以，$AR(p)$ 和 $MA(q)$ 模型实际上是 $ARMA(p, q)$ 模型的特例，统称为 $ARMA(p, q)$ 模型。由此推断，$ARMA(p, q)$ 模型的统计性质也必然是 $AR(p)$ 模型和 $MA(q)$ 模型统计性质的有机结合。

3.2.2.3.2　平稳条件与可逆条件

（1）平稳条件。对于 $ARMA(p, q)$ 模型 $\Phi(B) x_t = \Theta(B) \varepsilon_t$，令 $z_t = \Theta(B) \varepsilon_t$，显然 z_t 是一个均值为零、方差为 $(1 + \theta_1^2 + \cdots \theta_q^2) \sigma_\varepsilon^2$ 的平稳序列，于是 $ARMA(p, q)$ 模型可写作如下形式：

$$\Phi(B) x_t = z_t$$

与分析 $AR(p)$ 模型平稳性完全相同，容易推出 $ARMA(p, q)$ 模型的平稳性条件是：

p 阶自回归系数多项式 $\Phi(B) = 0$ 的根都在单位圆外，或者齐次线性差分方程 $\Phi(B) x_t = 0$ 的特征根都在单位圆内。

可见，$ARMA(p, q)$ 模型的平稳性完全由其自回归部分的平稳性决定，而与移动平均部分无关。

（2）可逆条件。同理，对于 $ARMA(p, q)$ 模型 $\Phi(B) x_t = \Theta(B) \varepsilon_t$，令 $y_t = \Phi(B) x_t$，y_t 与 x_t 的性质完全类似，则 $ARMA(p, q)$ 模型可写作：

$$y_t = \Theta(B) \varepsilon_t$$

与分析 $MA(q)$ 模型可逆性完全相同，容易推出 $ARMA(p, q)$ 模型的可逆性条件是：

q 阶移动平均系数多项式 $\Theta(B) = 0$ 的根都在单位圆外，或者齐次线性差分方程 $\Theta(B) \varepsilon_t = 0$ 的特征根都在单位圆内。

可见，$ARMA(p, q)$ 型的可逆性完全由其移动平均部分的可逆性决定，而与自回归部分无关。

当 $\Theta(B) = 0$ 以及 $\Phi(B) = 0$ 的根都在单位圆外时，$ARMA(p, q)$ 模型称为平稳可逆的模型，这是一个由其自相关系数唯一识别的模型。

3.2.2.3.3　传递形式与逆转形式

对于一个平稳可逆的 $ARMA(p, q)$ 模型，其传递形式是：

$$x_t = \frac{\Theta(B)}{\Phi(B)}\varepsilon_t = \sum_{j=0}^{\infty} G_j\varepsilon_{t-j} \tag{3-54}$$

其中，G_j 为格林函数。通过待定系数法（略），得到 $ARMA(p, q)$ 模型格林函数的递推公式为：

$$\begin{cases} G_0 = 1 \\ G_j = \sum_{k=1}^{j} \phi_k{'}G_{j-k} - \theta_j{'}, \ j = 1, 2, \cdots \end{cases} \quad 其中，\phi_k{'} = \begin{cases} \phi_k, \ k \leq p \\ 0, \ k > p \end{cases}, \ \theta_j{'} = \begin{cases} \theta_j, \ j \leq q \\ 0, \ j > q \end{cases}$$

同理，可得到 $ARMA(p, q)$ 模型的逆转形式：

$$\varepsilon_t = \frac{\Phi(B)}{\Theta(B)}x_t = \sum_{j=0}^{\infty} I_j x_{t-j} \tag{3-55}$$

其中，I_j 为可逆函数。

同理，根据待定系数法（略）可以推出可逆函数的递推公式：

$$\begin{cases} I_0 = 1 \\ I_j = \sum_{k=1}^{j} \theta_k{'}I_{j-k} - \phi_j{'}, \ j = 1, 2, \cdots \end{cases} \quad 其中，\theta_k{'} = \begin{cases} \theta_k, \ k \leq q \\ 0, \ k > q \end{cases}, \ \phi_j{'} = \begin{cases} \phi_j, \ j \leq p \\ 0, \ j > p \end{cases}$$

【总结】

$ARMA(p, q)$ 模型的传递形式就是把 $ARMA(p, q)$ 模型写作无穷阶的 MA 模型。

$ARMA(p, q)$ 模型的逆转形式就是把 $ARMA(p, q)$ 模型写作无穷阶的 AR 模型。

3. 2. 2. 3. 4 $ARMA(p, q)$ 型的统计性质

（1）均值。对于一个非中心化、平稳且可逆的 $ARMA(p, q)$ 模型：

$$x_t = \phi_0 + \phi_1 x_{t-1} + \phi_2 x_{t-2} + \cdots + \phi_p x_{t-p} + \varepsilon_t - \theta_1\varepsilon_{t-1} - \theta_2\varepsilon_{t-2} - \cdots - \theta_q\varepsilon_{t-q}$$

两边同时取期望，则有：

$$E(x_t) = \frac{\phi_0}{1 - \phi_1 - \phi_2 - \cdots - \phi_p} \tag{3-56}$$

（2）自协方差函数。

$$\gamma_k = E(x_t x_{t+k}) = E\left[\sum_{i=0}^{\infty} G_i\varepsilon_{t-i} \sum_{j=0}^{\infty} G_j\varepsilon_{t+k-j}\right] = \sum_{j=0}^{\infty} G_j G_{j+k}\sigma_\varepsilon^2 \tag{3-57}$$

（3）自相关系数不截尾。

$$\rho_k = \frac{\gamma_k}{\gamma_0} = \frac{\sum_{j=0}^{\infty} G_j G_{j+k}}{\sum_{j=0}^{\infty} G_j^2} \tag{3-58}$$

（4）偏自相关系数不截尾。综合考察 $AR(p)$、$MA(q)$ 和 $ARMA(p, q)$ 模型自相关系数和偏自相关系数的性质，得出识别依据，如表 3-1 所示。

表 3-1　**ARMA(p, q) 模型的识别依据**

模型	自相关系数 $\hat{\rho}_k$	偏自相关系数 $\hat{\phi}_{kk}$
$AR(p)$	拖尾	p 阶截尾
$MA(q)$	q 阶截尾	拖尾
$ARMA(p, q)$	拖尾	拖尾

3.2.3　平稳时间序列建模

3.2.3.1　建模步骤

如果某个观察值序列经过序列预处理，可判定为平稳且非白噪声序列，我们就可以选择模型对该序列建模，建模的步骤如图 3-1 所示。

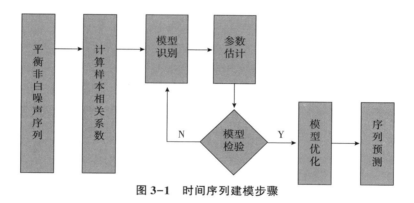

图 3-1　时间序列建模步骤

3.2.3.2　计算样本自相关系数与偏自相关系数

我们通过考察序列 $\{x_t\}$ 的样本自相关系数和偏自相关系数的性质来选择合适的模型拟合观察值序列，所以，首先需要根据观察值序列计算样本自相关系数和偏自相关系数。

3.2.3.3　模型识别

3.2.3.3.1　理论判别原则

根据上一节内容可知，为观察值序列 $\{x_t\}$ 选择模型的重要依据是序列的自相关系数和偏自相关系数的性质，具体判别原则见表 3-1。

3.2.3.3.2 实际判定原则

在实际操作中，上述定阶原则的使用会存在一定困难。因为由于样本的随机性，$\hat{\rho}_k$ 和 $\hat{\phi}_{kk}$ 不会出现理论上滞后若干阶后截尾的完美情况，而会有小值振荡的情形。同时，由于平稳时间序列通常都具有短期相关性，因此，随着 $k \to \infty$，$\hat{\rho}_k$ 和 $\hat{\phi}_{kk}$ 最终总会衰减至零值附近，做小值波动。这样，如何区分该波动是截尾还是在延迟了若干阶之后正常衰减到零值附近作拖尾波动呢？在实际判别时没有一个绝对的标准，很大程度上靠分析人员的主观判断。但可根据 $\hat{\rho}_k$ 和 $\hat{\phi}_{kk}$ 的分布做出尽量合理的判断。

可以证明：$\hat{\rho}_k \sim N(0, \dfrac{1}{n})$，$\hat{\phi}_{kk} \sim N(0, \dfrac{1}{n})$。

根据正态分布的性质，有：

$$P(\,|\hat{\rho}_k| \leqslant 2\sigma) = 0.95, \quad P(-\dfrac{2}{\sqrt{n}} \leqslant \hat{\rho}_k \leqslant \dfrac{2}{\sqrt{n}}) = 0.95$$

同理，$P(\,|\hat{\phi}_{kk}| \leqslant 2\sigma) = 0.95$，$P(-\dfrac{2}{\sqrt{n}} \leqslant \hat{\phi}_{kk} \leqslant \dfrac{2}{\sqrt{n}}) = 0.95$。

所以，可以利用 2 倍标准差范围进行辅助判断。

如果 $\hat{\rho}_k$ 和 $\hat{\phi}_{kk}$ 在最初的 d 阶明显大于 2 倍标准差范围，而后几乎 95% 的自相关系数都落在 2 倍标准差范围以内，而且由非零自相关系数衰减为小值波动的过程非常突然，这时，通常视为自相关系数截尾，截尾阶数为 d。

如果有超过 5% 的 $\hat{\rho}_k$ 和 $\hat{\phi}_{kk}$ 落入 2 倍标准差范围之外，或者由显著非零的相关系数衰减为小值波动的过程比较缓慢或非常连续，这时，通常视为不截尾。

3.2.3.4 参数估计

1. 矩估计（略）

2. 极大似然估计（略）

3. 最小二乘估计（略）

3.2.3.5 模型检验

确定了模型的口径之后，我们还需对该拟合模型进行必要的检验。

3.2.3.5.1 模型的显著性检验

模型的显著性检验主要是检验模型的有效性，一个模型是否显著有效主要看它是否能够充分地提取序列中的信息。一个好的拟合模型应该能够提取观察值序列中几乎所有的样本相关性信息，那么，残差项中将不再含有任何相关信息，即残差序列为白噪声序列。这样的模型为有效的模型。

如果残差序列为非白噪声序列，那就意味着残差序列中仍然有相关信息未被提取，这说明拟合模型不够有效，通常需要选择其他模型，重新估计参数并进行模型的显著性检验。

所以，模型的显著性检验就是通过检验残差是否为白噪声序列来进行。检验步骤如下：

（1）提出原假设和备则假设。

原假设：延迟期数小于或等于 m 期的残差序列值之间相互独立。

备择假设：延迟期数小于或等于 m 期的残差序列值之间有相关性。

$H_0: \rho_1 = \rho_2 = \cdots \rho_m = 0, \quad \forall m \geq 1$

$H_1:$ 至少存在一个 $\rho_k \neq 0, \quad \forall m \geq 1, \ k \leq m$

（2）计算检验统计量。

$$LB = n(n+2) \sum_{k=1}^{m} \frac{\hat{\rho}_k^2}{n-k} \sim \chi^2(m)$$

（3）给定显著性水平 α，查 $\chi_\alpha^2(m)$ 临界值。

（4）判断。如果 $LB \geq \chi_{1-\alpha}^2(m)$，则拒绝 H_0，接受 H_1，拟合模型非有效；如果 $LB < \chi_\alpha^2(m)$，则不能拒绝 H_0，认为残差为白噪声序列，模型提取信息充分，即拟合模型显著有效。

3.2.3.5.2　参数的显著性检验

参数的显著性检验就是要检验每个未知参数是否显著不为零。如果某个参数不显著，就表示相应变量对序列值的影响不显著，应该将其去掉，拟合更加精简的模型。

检验原理与一般回归模型系数的 t 检验相同。

3.2.3.6　模型的优化

3.2.3.6.1　进行模型优化的原因

当一个拟合模型通过了模型的显著性检验和参数的显著性检验，则说明在一定显著性水平下，该模型能有效地拟合观察值序列的波动，但有时这种有效模型并不是唯一的。优化的目的是选择相对最优模型。

3.2.3.6.2　判别准则

（1）AIC 准则。AIC 准则是日本统计学家赤迟弘次（Akaike）于 1973 年提出的，全称是最小信息准则（An Information Criterion）。该准则的指导思想是一个拟合模型的好坏可以从两个方面去考察：一方面是常用来衡量拟合程度的似然函数；另一方面是模型中未知参数的个数。

似然函数值越大，表明模型拟合的效果越好。模型中参数越多，说明自变量越多，模型对实际问题的模拟越真实，模型拟合的精度也就越高。但是，模型参数越多，意味着未知风险也越大，参数估计的难度也越大，估计的精度也就越差。所以一个好的模型应该是一个拟合精度和未知参数个数的最优综合配置。

$AIC = -2\ln$（模型的极大似然函数）$+2$（模型中未知参数个数）

使 AIC 值达到最小的模型被认为是最优的模型。

中心化 $ARMA(p, q)$ 模型：$AIC = n\ln(\sigma_\varepsilon^2) + 2(p + q + 1)$

非中心化 $ARMA(p, q)$ 模型：$AIC = n\ln(\sigma_\varepsilon^2) + 2(p + q + 2)$

（2）SBC 准则。SBC 准则是 Schwartz 在 1978 年提出的，是对 AIC 准则的改善。

$SBC = -2\ln$（模型的极大似然函数）$+\ln(n)$（模型中未知参数个数）

中心化 $ARMA(p, q)$ 模型：$SBC = n\ln(\sigma_\varepsilon^2) + \ln(n)(p + q + 1)$

非中心化 $ARMA(p, q)$ 模型：$SBC = n\ln(\sigma_\varepsilon^2) + \ln(n)(p + q + 2)$

在所有通过检验的模型中，使 AIC 或者 SBC 值最小的模型为相对最优模型。

3.2.3.7 序列预测

到目前为止，我们对观察值序列做了许多工作，包括平稳性检验、纯随机性检验、模型选择和定阶、参数估计以及模型检验及优化等，这些工作最终的目的就是利用这个拟合模型对随机序列的未来值进行预测。

所谓预测就是利用序列的观察值序列 x_t，x_{t-1}，$\cdots$，x_{t-n} 对序列未来某个时刻的取值 x_{t+1} 进行估计。

例如，$ARMA(1, 1)$ 模型 $x_t = \phi_1 x_{t-1} + \varepsilon_t - \theta_1 \varepsilon_{t-1}$ 则：

$$x_{t+1} = \phi_1 x_t + \varepsilon_{t+1} - \theta_1 \varepsilon_t$$

上式中的 ε_t 用模型拟合残差的当前期值代替。由于 $E\varepsilon_t = 0$，所以令 $\varepsilon_{t+1} = 0$，即：$\hat{x}_{t+1} = \hat{\phi}_1 x_t - \hat{\theta}_1 \hat{\varepsilon}_t$，以此类推。其他模型预测方式同上。

3.3 教学案例

3.3.1 模型识别

【案例 3-1】 选择合适的模型拟合 1950~2008 年我国邮路及农村投递线路每年新增里程数序列（见表 3-2）。

表 3-2 1950~2008 年我国邮路及农村投递线路每年新增里程数序列

单位：万公里

年份	新增里程	年份	新增里程	年份	新增里程
1950	15.71	1970	26.39	1990	6.76

年份	新增里程	年份	新增里程	年份	新增里程
1951	24.43	1971	31.09	1991	−0.83
1952	18.23	1972	19.78	1992	4.67
1953	22.50	1973	2.56	1993	11.68
1954	12.53	1974	12.95	1994	0.82
1955	9.94	1975	15.54	1995	8.54
1956	7.19	1976	3.97	1996	24.51
1957	41.13	1977	2.42	1997	28.91
1958	79.03	1978	0.31	1998	44.94
1959	119.32	1979	−5.10	1999	11.16
1960	−12.10	1980	−7.52	2000	11.08
1961	−89.71	1981	−7.69	2001	15.75
1962	−52.26	1982	1.61	2002	−0.31
1963	20.01	1983	4.46	2003	20.99
1964	19.92	1984	10.97	2004	6.50
1965	42.81	1985	15.15	2005	10.45
1966	18.78	1986	6.00	2006	−3.51
1967	−0.75	1987	−0.90	2007	23.42
1968	−1.08	1988	−3.22	2008	17.99
1969	5.09	1989	−8.54		

1. 建立工作文件

启动 EViews8.0 软件，依次单击"New/Workfile"，在"Frequency"中选择"Annual"并输入初始年度和截止年度，本例中分别为"1950"和"2008"，也可选择性输入"Workfile names"中的工作文件名称，如本例中输入"example3.1"，最后点击"OK"，出现如图3-2所示工作文件窗口。

2. 定义变量并输入数据

在命令行中输入"data x"并回车

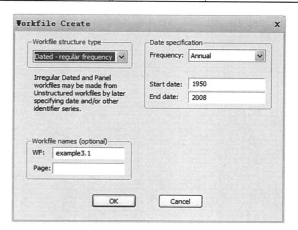

图 3-2　新建文件并设定数据类型

后，弹出用于存放数据的"Group"对象窗口。输入数据或者将已经准备好的 Excel 数据粘贴至该组，如图3-3所示。

3. 序列平稳性检验的图示检验法

（1）时序图检验。关闭"Group"对象文件，并打开序列对象"Series：X"，依次单

击 "View/Graph"，在弹出的 "Graph options" 窗口中选择线形图 "Line & Symbol"，点击 "OK" 后即为序列 X 的时间序列图，如图 3-4 所示。

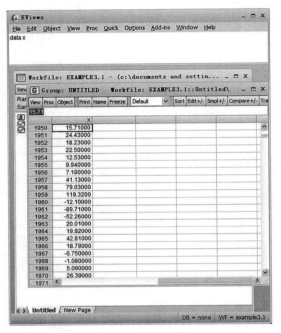

图 3-3　输入数据

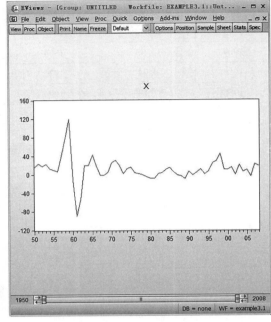

图 3-4　序列 X 的时序图

由图 3-4 可见，1950~2008 年我国邮路及农村投递线路每年新增里程数序列是平稳序列。

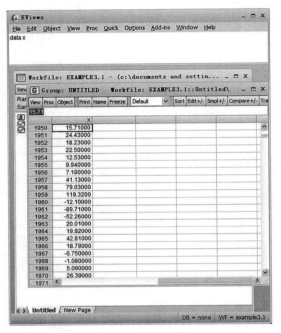

图 3-5　序列 X 的自相关图

（2）自相关图检验。依次点击序列 X 窗口的 "View/Correlogram"，选择作图的序列（Level 表示当前序列 X，1st difference 表示一阶差分序列，2nd difference 为二阶差分序列）并填写包含的滞后阶数 "Lags to include" 后点击 "OK"，序列 X 的自相关图如图 3-5 所示。

图 3-5 中左侧图形为自相关系数图 "Autocorrelation"。由图可见，序列 X 的自相关系数衰减到零的速度很快，具有短期相关性，因此，该序列是平稳序列。

4. 序列的纯随机性检验

由图 3-5 中右侧两列可知，延迟任意阶数卡方统计量的 P 值均小于 0.05，表明在 95% 的概率保证程度下，该序列拒绝纯随机性的原假设，为非纯随机序列。因此，可以建立模型拟合该序列中信息的规律。

5. 模型的识别

观察图 3-5 中左侧的自相关系数图和偏自相关系数图，可知自相关系数图呈明显的正弦波动规律，这说明自相关系数衰减到零的过程不是在短时间内完成的，而是一个连续渐变的过程，这是自相关系数拖尾的典型特征。

进一步考察偏自相关系数图，可见除了一阶、二阶偏自相关系数大于 2 倍标准差之外，其他阶数的偏自相关系数都在 2 倍标准差范围之内，这是一个偏自相关系数二阶截尾的典型特征。综合以上分析，该序列应该选用 AR(2) 模型进行拟合。

【案例 3-2】　选择合适的 ARMA 模型拟合某地区某一加油站连续 57 天的 OVERSHORT 序列（数据见表 3-3）。

表 3-3　某一加油站连续 57 天的 OVERSHORT 序列

78	3	−66	124	6	−56	10	−17
−58	−74	50	−106	−73	−58	−28	
53	89	26	113	18	1	−17	
−63	−48	59	−76	2	14	23	
13	−14	−47	−47	−24	−4	−2	
−6	32	−83	−32	23	77	48	
−16	56	2	39	−38	−127	−131	
−14	−86	−1	−30	91	97	65	

首先建立工作文件，设定数据类型为"Integer date"，文件名输入"example 3.2"（见图 3-6）。其他操作同上，时序图和自相关图分别如图 3-7 和图 3-8 所示。

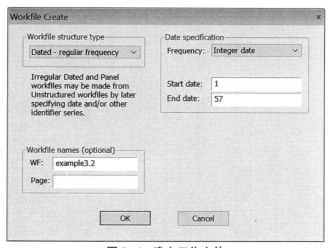

图 3-6　建立工作文件

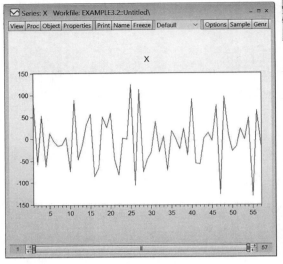

图 3-7　时间序列图　　　　　　　　图 3-8　自相关图

图 3-7 和图 3-8 显示，该序列没有显著的非平稳特征。再考察序列的纯随机性，可判断该序列为非纯随机序列。最后，考察该序列的自相关系数图和偏自相关系数图，可见自相关系数图中除了延迟一阶的自相关系数大于 2 倍标准差之外，其他阶数的自相关系数都在 2 倍标准差范围之内波动。根据自相关系数的这个性质，可以判断该序列具有短期相关性，进一步确定序列为平稳序列。同时，可以认为自相关系数一阶截尾。

与自相关系数图相比，偏自相关系数显示出非截尾的特征。综合该序列的自相关系数图和偏自相关系数图，可判断拟合模型为 MA（1）模型。

【案例 3-3】　选择合适的 ARMA 模型拟合 1880～1985 年全球气表平均温度改变值差分序列（数据见表 3-4）。

表 3-4　1880～1985 年全球气表平均温度改变值差分序列

-0.40	-0.44	-0.28	-0.25	-0.12	-0.02	0.03	0.09	-0.13	0.12
-0.37	-0.44	-0.36	-0.05	-0.10	0.04	0.15	0.11	0.02	0.27
-0.43	-0.49	-0.49	-0.01	0.13	0.17	0.04	0.06	0.03	0.42
-0.47	-0.38	-0.25	-0.26	-0.01	0.19	-0.02	0.01	-0.12	0.02
-0.72	-0.41	-0.17	-0.48	0.06	0.05	-0.13	0.08	-0.08	0.30
-0.54	-0.27	-0.45	-0.37	-0.17	0.15	0.02	0.02	0.17	0.09
-0.47	-0.18	-0.32	-0.20	-0.01	0.13	0.07	0.02	-0.09	0.05
-0.54	-0.38	-0.33	-0.15	0.09	0.09	0.20	-0.27	-0.04	
-0.39	-0.22	-0.32	-0.08	0.05	0.04	-0.03	-0.18	-0.24	
-0.19	-0.03	-0.29	-0.14	-0.16	0.11	-0.07	-0.09	-0.16	
-0.40	-0.09	-0.32	-0.13	0.05	-0.03	-0.19	-0.02	-0.09	

对 1880~1985 年全球气表平均温度改变值序列做一阶差分运算，并绘制差分序列的时序图（见图 3-9）。

时序图显示序列波动非常平稳，再考察其自相关图和偏自相关图的性质（见图3-10）。

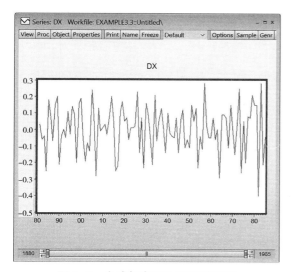

图 3-9 全球气表平均温度改变值 差分序列时序图

图 3-10 全球气表平均温度改变值 差分序列自相关图

在图 3-10 中，纯随机性检验结果表明该序列为非纯随机序列。自相关系数图和偏自相关系数图都显示出不截尾的特征，因此，可尝试选择 ARMA（1，1）模型拟合该序列。

3.3.2 参数估计

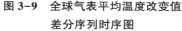

【案例 3-1（续 1）】 确定 1950~2008 年我国邮路及农村投递线路每年新增里程数序列拟合模型的口径。

根据序列的自相关系数图和偏自相关系数图，我们将该序列定阶为 AR（2）模型，即：

$$x_t = \mu + \frac{\varepsilon_t}{1 - \phi_1 B - \phi_2 B^2}$$

使用最小二乘法确定模型的口径，在 EViews 命令栏输入"ls x c ar（1）ar（2）"，并回车得如图 3-11 所示回归结果。

由图 3-11 可得，该模型的口径为：$x_t = 10.8374 + \dfrac{\varepsilon_t}{1 - 0.7288B + 0.5446B^2}$

【案例 3-2（续 1）】 确定某地区某一加油站连续 57 天的 OVERSHORT 序列拟合模型的口径。

根据序列的自相关系数图和偏自相关系数图，我们将该序列定阶为 MA（1）模型，即：

$$x_t = \mu + \varepsilon_t - \theta_1 \varepsilon_{t-1}$$

使用最小二乘法确定模型的口径，在 EViews 命令栏输入 "ls x c ma（1）"，并回车得如图 3-12 所示参数估计结果。

由图 3-12 可得该模型的口径为：$x_t = -5.0710 + （1-0.9779）\varepsilon_t$

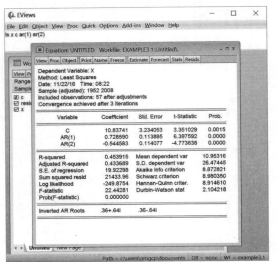

图 3-11　AR（2）模型参数估计

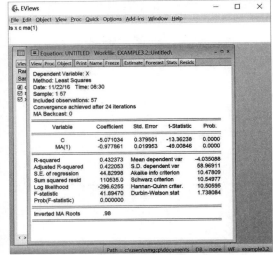

图 3-12　MA（1）模型参数估计

【案例 3-3（续 1）】　确定 1880~1985 年全球气表平均温度改变值差分序列模型的口径。

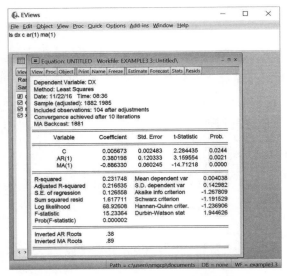

图 3-13　ARMA（1，1）参数估计

根据序列的自相关系数图和偏自相关系数图，我们将该序列定阶为 ARMA（1，1）模型，即：

$$x_t = \phi_0 + \phi_1 x_{t-1} + \varepsilon_t - \theta_1 \varepsilon_{t-1}$$

使用最小二乘法确定模型的口径，在 EViews 命令栏输入 "ls dx c ar（1）ma（1）"，并回车得如图 3-13 所示参数估计结果。

由图 3-13 可得该模型的口径为：

$$\nabla x_t = 0.0056 + \frac{1-0.8863B}{1-0.3802B}\varepsilon_t$$

3.3.3　模型检验

【案例 3-1（续 2）】　检验 1950~2008 年我国邮路及农村投递线路每年新增里程数序列拟合模型的显著性（$\alpha = 0.05$）。

1. 模型的显著性检验

如前所述，一个好的拟合模型应该能够提取观察值序列中几乎所有的样本相关性信息。那么，残差项中将不再含有任何相关信息，即残差序列为白噪声序列。如果残差序列为非白噪声序列，那就意味着残差序列中仍然含有相关信息未被提取，这说明拟合模型不够有效，通常需要选择其他模型，重新估计参数并进行模型的显著性检验。

所以，模型的显著性检验就是对残差序列进行白噪声检验。检验步骤如下：

$$H_0: \rho_1 = \rho_2 = \cdots \rho_m = 0, \ \forall m \geq 1$$

H_1：至少存在一个 $\rho_k \neq 0, \ \forall m \geq 1, \ k \leq m$

检验统计量 $Q_{LB} = n(n+2) \sum_{k=1}^{m} \frac{\hat{\rho}_k^2}{n-k} \sim \chi^2(m)$

如果拒绝原假设，说明残差序列中还残留着相关信息，拟合模型非有效。如果不能拒绝原假设，即残差为白噪声序列，则认为拟合模型显著有效。

在图 3-11 的方程 "Equation" 窗口依次点击 "Proc/Make Residual Series"，出现如图 3-14 所示生成残差序列窗口，更改残差序列名为 "e1"（可选），点击 "OK" 后，就会出现名为 "e1" 的新序列，如图 3-15 所示。

对 "e1" 序列进行纯随机性检验，结果见图 3-16。

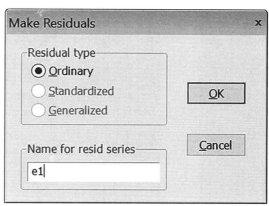

图 3-14　生成残差序列

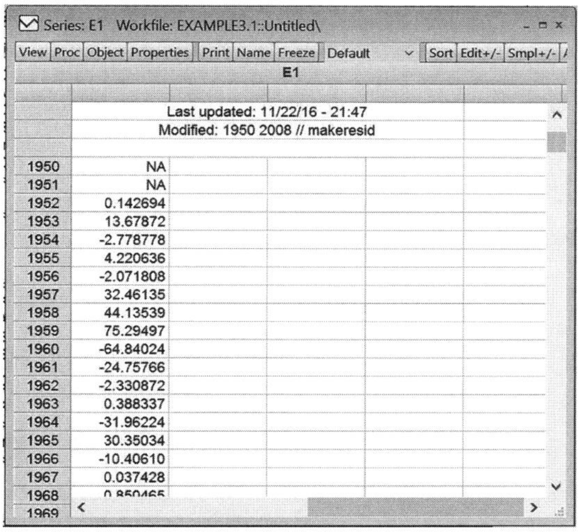

图 3-15　残差序列

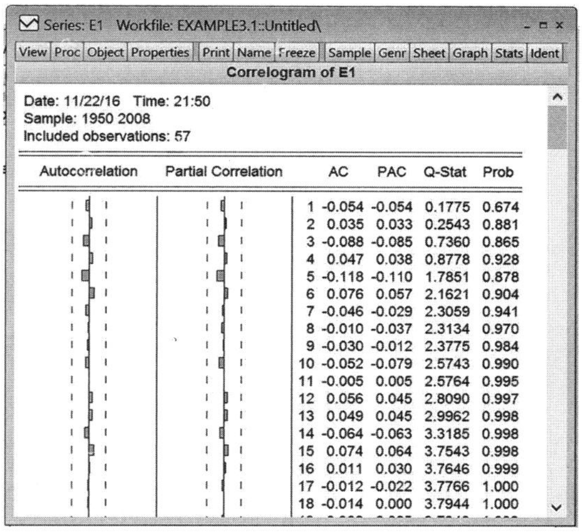

图 3-16　残差序列的纯随机性检验

图 3-16 显示，残差序列显示出纯随机性特征，表明原模型可以将序列中的信息提取充分，模型有效。

2. 参数的显著性检验

由图 3-11 中两参数的显著性检验（t 检验）结果可知，均值 μ 的 t 统计量为 3.3510，其 P 值为 0.0015，小于显著性水平 $\alpha=0.05$，因此，拒绝 $\mu=0$ 的原假设，即认为 $\mu\neq 0$。另外两个参数 ϕ_1、ϕ_2 的 P 值也都小于 0.05，即 $\phi_1\neq 0$，$\phi_2\neq 0$，模型参数显著不为零。

可见，AR(2) 模型的模型有效性检验和参数显著性检验均认为该模型拟合效果较好。

【案例 3-2（续 2）】 检验某地区某一加油站连续 57 天的 OVERSHORT 序列拟合模型的显著性（$\alpha=0.05$）。

1. 模型的显著性检验

在图 3-12 中"Equation"窗口依次点击"Proc/Make Residual Series"，生成该模型的残差序列，更改残差序列名为"e1"（可选），点击"OK"后，就会出现名为"e1"的新序列，对"e1"进行纯随机性检验，结果见图 3-17。

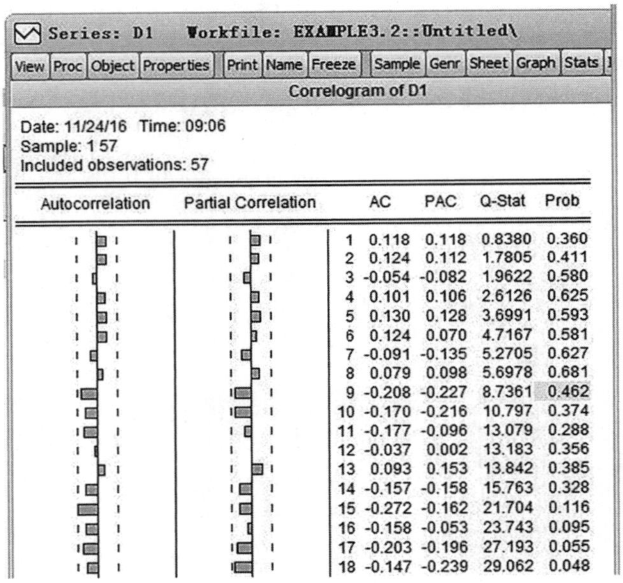
Series: D1 Workfile: EXAMPLE3.2::Untitled\
View | Proc | Object | Properties | Print | Name | Freeze | Sample | Genr | Sheet | Graph | Stats

Correlogram of D1

Date: 11/24/16 Time: 09:06
Sample: 1 57
Included observations: 57

	AC	PAC	Q-Stat	Prob
1	0.118	0.118	0.8380	0.360
2	0.124	0.112	1.7805	0.411
3	-0.054	-0.082	1.9622	0.580
4	0.101	0.106	2.6126	0.625
5	0.130	0.128	3.6991	0.593
6	0.124	0.070	4.7167	0.581
7	-0.091	-0.135	5.2705	0.627
8	0.079	0.098	5.6978	0.681
9	-0.208	-0.227	8.7361	0.462
10	-0.170	-0.216	10.797	0.374
11	-0.177	-0.096	13.079	0.288
12	-0.037	0.002	13.183	0.356
13	0.093	0.153	13.842	0.385
14	-0.157	-0.158	15.763	0.328
15	-0.272	-0.162	21.704	0.116
16	-0.158	-0.053	23.743	0.095
17	-0.203	-0.196	27.193	0.055
18	-0.147	-0.239	29.062	0.048

图 3-17 残差的纯随机性检验

由图 3-17 可见，模型残差序列为纯随机性序列，模型拟合有效。

2. 参数的显著性检验

由图 3-12 中两参数的显著性检验（t 检验）结果可知，均值 μ 的 t 统计量为 -13.3624，其 P 值为 0.0000，小于显著性水平 $\alpha=0.05$，因此，拒绝 $\mu=0$ 的原假设，即认为 $\mu\neq 0$。另外参数 θ_1 的 P 值也小于 0.05，即拒绝原假设，接受 $\theta_1\neq 0$ 的备择假设，模型参数显著不为零。

综合以上结果，MA（1）模型的模型有效性检验和参数显著性检验均认为该模型拟合效果较好。

【案例 3-3（续 2）】　检验 1880~1985 年全球气表平均温度改变值差分序列拟合模型的显著性（$\alpha = 0.05$）。

1. 模型的显著性检验

在图 3-13 中“Equation”对象窗口依次点击“Proc/Make Residual Series”，生成该模型的残差序列，更改残差序列名为“e1”（可选），点击“OK”后，就会出现名为“e1”的新序列，对“e1”进行纯随机性检验，结果见图 3-18。

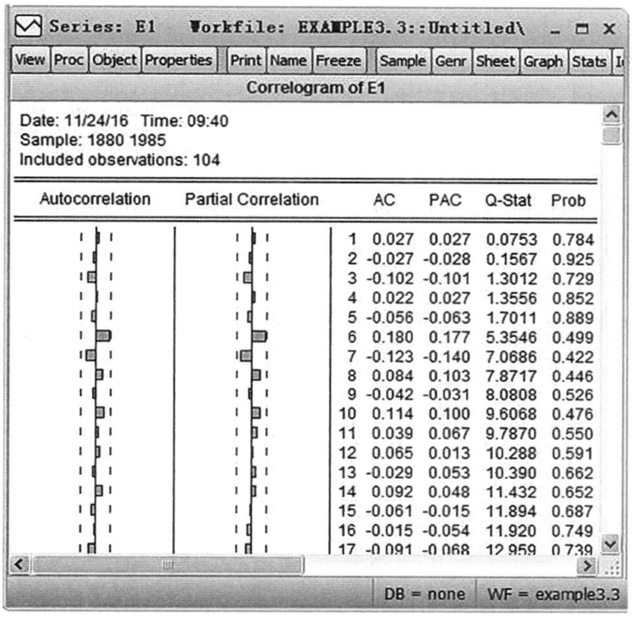

	AC	PAC	Q-Stat	Prob
1	0.027	0.027	0.0753	0.784
2	-0.027	-0.028	0.1567	0.925
3	-0.102	-0.101	1.3012	0.729
4	0.022	0.027	1.3556	0.852
5	-0.056	-0.063	1.7011	0.889
6	0.180	0.177	5.3546	0.499
7	-0.123	-0.140	7.0686	0.422
8	0.084	0.103	7.8717	0.446
9	-0.042	-0.031	8.0808	0.526
10	0.114	0.100	9.6068	0.476
11	0.039	0.067	9.7870	0.550
12	0.065	0.013	10.288	0.591
13	-0.029	0.053	10.390	0.662
14	0.092	0.048	11.432	0.652
15	-0.061	-0.015	11.894	0.687
16	-0.015	-0.054	11.920	0.749
17	-0.091	-0.068	12.959	0.739

图 3-18　残差的纯随机性检验

由图 3-18 可见，模型残差序列为纯随机序列，模型拟合有效。

2. 参数的显著性检验

由图 3-13 中两参数的显著性检验（t 检验）结果可知，均值 μ 的 t 统计量为 2.2844，其 P 值为 0.0244，小于显著性水平 $\alpha = 0.05$，因此，拒绝 $\mu = 0$ 的原假设，即认为 $\mu \neq 0$。另外参数 θ_1、ϕ_1 的 P 值也都小于 0.05，即认为 $\theta_1 \neq 0$，$\phi_1 \neq 0$，模型参数显著不为零。

可见，$ARMA(1,\ 1)$ 模型的模型有效性检验和参数显著性检验均认为该模型拟合效果较好。

3.3.4　模型优化

【案例 3-4】　等时间间隔连续读取 70 个某次化学反应的过程数据，构成一时间序列（数据见表 3-5），试对该序列进行拟合（$\alpha = 0.05$）。

表 3-5　连续读取 70 个化学反应数据

47	48	37	45	45	62	53	60
64	71	74	25	54	44	49	39
23	35	51	59	36	64	34	59
71	57	57	50	54	43	35	40
38	40	50	71	48	52	54	57
64	58	60	56	55	38	45	54
55	44	45	74	45	59	68	23
41	80	57	50	57	55	38	
59	55	50	58	50	41	50	

图 3-19　时间序列图

1. 序列预处理

建立工作文件并输入数据序列 x，打开序列 x，依次点击 "View \ Graph"，点选 "Line & Symbol"，可以得出如下时序图，如图 3-19 所示，可见，此化学反应过程无明显趋势或周期，波动稳定。

在序列 x 窗口依次点击 "View \ correlogram \ OK"，得到自相关系数图（见图 3-20）。可见，自相关系数具有明显的短期相关性，且二阶截尾。序列的纯随机性检验结果表明，该序列为非纯随机性序列。

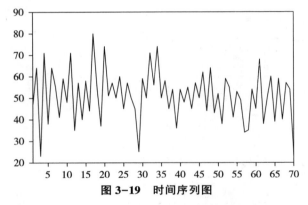

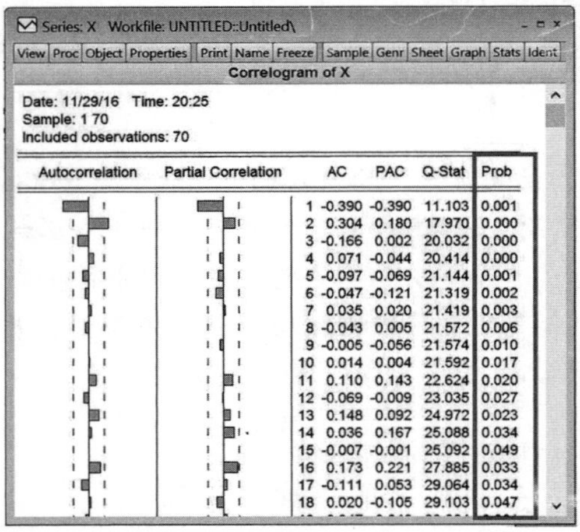

图 3-20　序列的纯随机性检验

结合序列时序图、自相关系数图以及纯随机性检验结果，判定该序列为平稳非白噪声序列，可以考虑使用 ARMA 模型对它进行拟合。

2. 模型定阶

根据自相关系数图显示的自相关系数二阶截尾特征，尝试拟合 MA（2）模型。同时，偏自相关系数显示一阶截尾，因此，也可以尝试拟合 AR（1）模型。

3. 参数估计

使用普通最小二乘法估计参数，在 EViews 命令窗口分别输入 "ls x c ma（1）ma（2）" "ls x c ar（1）" 确定 MA（2）模型和 AR（1）的口径如图 3-21、图 3-22 所示。

$$x_t = 51.1634 + (1 - 0.3228B + 0.3131B^2)\varepsilon_t$$

$$x_t = 51.2921 + \frac{\varepsilon_t}{1 + 0.4249B}$$

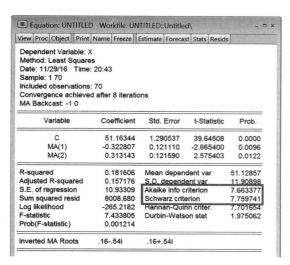

图 3-21　MA（2）模型参数估计　　　　图 3-22　AR（1）模型参数估计

4. 模型检验

在以上方程 "Equation" 窗口依次点击 "Proc \ Make Residual Series \ OK"，可得以上两个模型的残差序列，检验残差序列的纯随机性 "见图 3-23 及图 3-24"。可见，以上两个模型残差均为纯随机序列，两个模型拟合均有效。

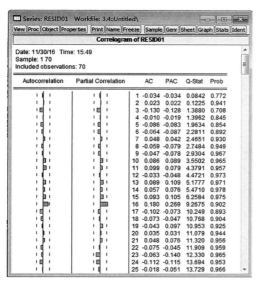

图 3-23　MA（2）模型残差的纯随机性检验　　　图 3-24　AR（1）模型残差的纯随机性检验

对两个模型进行参数的显著性检验（分别见图 3-21 及图 3-22）可知，MA（2）三个参数 t 统计量的 P 值均小于 0.05，即三个参数均显著不为零；AR（1）模型两个参数的 P 值也均小于0.05，即两参数均显著不为零。

因此，$MA(2)$ 模型和 $AR(1)$ 均可以很好地拟合该序列。

对于同一个序列，可以找到两个拟合模型，且这两个模型均能通过模型有效性检验和参数显著性检验，因此，需要设置一定的准则，在这两个模型中选择相对最优模型，即模型的优化。这里选取 AIC 准则和 SBC 准则进行选择。在图 3-21、图 3-22 中，两个模型的 AIC 值均为 7.33，$MA(2)$ 模型的 SBC 值为 7.76，而 AR（1）的 SBC 值为 7.73，根据最小信息准则，应该选取 $AR(1)$ 模型作为相对最优模型用于最终的预测。

3.3.5　模型预测

首先双击 Workfile 窗口信息栏的总区间"Range"，如图 3-25 所示，可修改区间范围，即将"End date"修改为 71，点击"OK"。文件区间由原来的 1~70 扩展为 1~71，如图 3-26 所示。

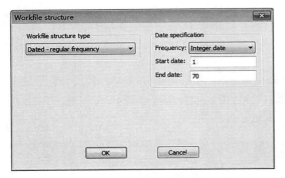

图 3-25　扩充数据总区间

图 3-26　扩充数据区间后的工作文件

打开方程 EQAR，见图 3-27，点击"Forecast"，出现如下预测窗口，默认预测序列名为"xf"，可根据需要修改，点选右面"Method"下的静态预测"Static forecast"，即可出现原序列 x 的预测序列"xf"，该序列第 71 个数值为外推预测值，见图 3-28。

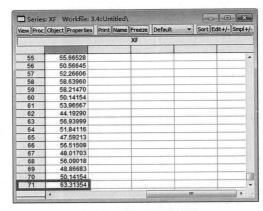

图 3-27　序列预测　　　　　　　　　　　图 3-28　序列预测结果

3.4　综合案例

【案例 3-5】　某地区连续 74 年的谷物产量如表 3-6 所示，判断该序列的平稳性与纯随机性，选择适当模型拟合该序列的发展，并利用拟合模型预测该地区未来 1 年的谷物产量。

表 3-6　某地区连续 74 年的谷物产量　　　　　　　　　　单位：千吨

0.97	1.33	0.80	0.95	1.19	0.69	0.85
0.45	1.21	0.60	0.65	0.69	0.91	0.73
1.61	0.98	0.59	0.98	0.92	0.68	0.66
1.26	0.91	0.63	0.70	0.86	0.57	0.76
1.37	0.61	0.87	0.86	0.86	0.94	0.63
1.43	1.23	0.36	1.32	0.85	0.35	0.32
1.32	0.97	0.81	0.88	0.90	0.39	0.17
1.23	1.10	0.91	0.68	0.54	0.45	0.46
0.84	0.74	0.77	0.78	0.32	0.99	
0.89	0.80	0.96	1.25	1.40	0.84	
1.18	0.81	0.93	0.79	1.14	0.62	

1. 序列的平稳性检验和纯随机性检验

建立工作文件并输入数据序列 x，打开序列 x，依次点击"View \ Graph"，选"Line & Symbol"，可以得出如下时序图，如图 3-29 所示，可见该地区连续 74 年的谷物产量序列为平稳序列。

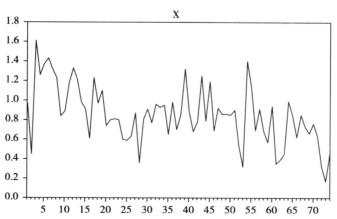

图 3-29　某地区连续 74 年的谷物产量时间序列图

依次点击"View \ Correlogram \ OK"，得到如下自相关系数图，见图 3-30。可见，自相关系数在延迟四阶之后全部落在两倍标准差范围之内，可以认为有短期相关性，可进一步验证其具有平稳性特征。序列的纯随机性检验结果表明，该序列为非纯随机性序列。

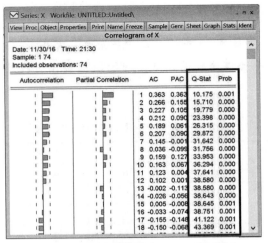

图 3-30　序列的自相关图和偏自相关图

结合序列时序图、自相关系数图以及纯随机性检验结果，判定该序列为平稳非白噪声序列，可以选择 ARMA 模型对该序列进行拟合。

2. 模型定阶

由图 3-30 可见，序列自相关系数衰减至 0 的速度较为缓慢，因此，认为不截尾；而偏自相关系数一阶截尾，因此，可以尝试拟合 AR（1）模型。

3. 参数估计

使用普通最小二乘法估计参数，在 EViews 命令窗口输入"ls x c ar(1)"确定该模型的口径如下（见图 3-31）：

Equation: UNTITLED　Workfile: 3.5::Untitled\

View Proc Object | Print Name Freeze | Estimate Forecast Stats Resids

Dependent Variable: X
Method: Least Squares
Date: 12/04/16　Time: 08:37
Sample (adjusted): 2 74
Included observations: 73 after adjustments
Convergence achieved after 3 iterations

Variable	Coefficient	Std. Error	t-Statistic	Prob.
C	0.845441	0.052013	16.25427	0.0000
AR(1)	0.372564	0.111569	3.339322	0.0013

R-squared	0.135739	Mean dependent var		0.849589
Adjusted R-squared	0.123566	S.D. dependent var		0.297627
S.E. of regression	0.278633	Akaike info criterion		0.309169
Sum squared resid	5.512162	Schwarz criterion		0.371921
Log likelihood	-9.284671	Hannan-Quinn criter.		0.334177
F-statistic	11.15107	Durbin-Watson stat		2.068675
Prob(F-statistic)	0.001341			

Inverted AR Roots　　.37

图 3-31　AR（1）模型估计结果

$$x_t = 0.8454 + \frac{\varepsilon_t}{1 - 0.3726B}$$

4. 模型检验

在图 3-31 所示方程 "Equation" 窗口依次点击 "Proc \ Make Residual Series \ OK"，可得模型的残差序列，将残差命名为 "e1"（见图 3-32 和图 3-33），并检验残差序列的纯随机性（见图 3-34）。由检验结果可知，残差序列纯随机性检验 χ^2 统计量的 P 值均大于显著性水平 $\alpha = 0.05$，所以不能拒绝残差序列为纯随机序列的原假设，认为 AR（1）模型的残差为纯随机序列，模型拟合有效。

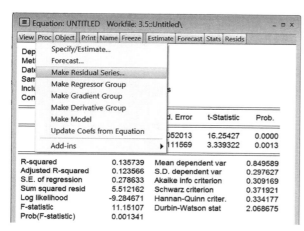

图 3-32 产生残差序列   图 3-33 残差序列命名

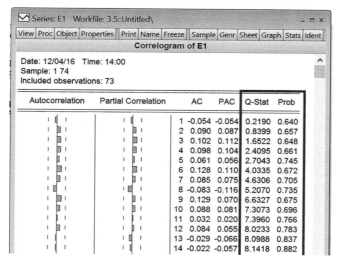

图 3-34 残差的纯随机性检验

观察图 3-31 中拟合模型参数的显著性检验，两参数 μ 和 ϕ_1 显著性检验 t 统计量的 P 值均小于显著性水平 $\alpha = 0.05$，则拒绝总体参数为 0 的原假设，即认为两参数显著不为 0。

综合以上结果，认为 AR（1）模型拟合有效，可以用来做预测。

5. 模型预测

首先双击"Wokefile"窗口信息栏的总区间"Range",如图3-35所示,修改区间范围,即将"End date"修改为75,点击"OK"。文件区间由原来的1~74扩展为1~75,如图3-36所示。

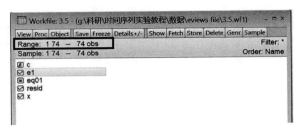

图3-35 扩展总区间

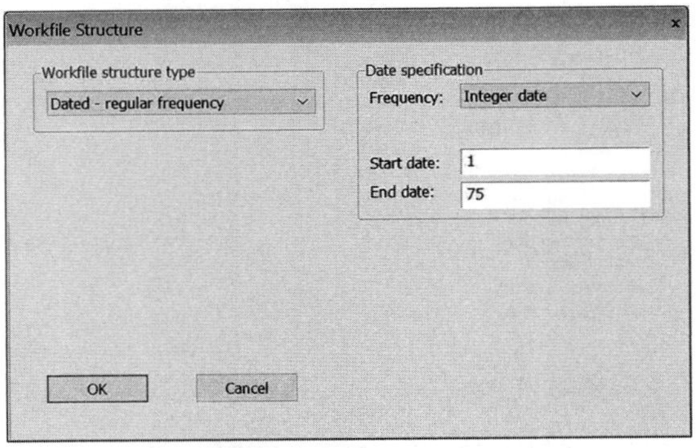

图3-36 修改总区间

打开 $AR(1)$ 模型的拟合方程,见图3-31,点击"Forecast",出现预测窗口,默认预测序列名为xf,可根据需要修改,点击右面"Method"下的静态预测"Static forecast",即可出现原序列 x 的预测序列"xf",该序列第75个数值为外推预测值,见图3-37。

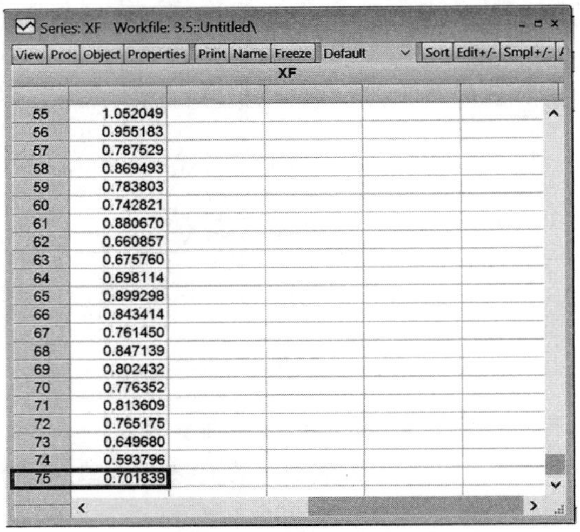

	XF
55	1.052049
56	0.955183
57	0.787529
58	0.869493
59	0.783803
60	0.742821
61	0.880670
62	0.660857
63	0.675760
64	0.698114
65	0.899298
66	0.843414
67	0.761450
68	0.847139
69	0.802432
70	0.776352
71	0.813609
72	0.765175
73	0.649680
74	0.593796
75	0.701839

图3-37 模型预测

【案例3-6】　2003 年第三季度~2016 年第四季度我国固定投资价格指数（当季同比）如表 3-7 所示，试选择合适的模型拟合该序列，并预测下一季度的固定资产投资价格指数。

表 3-7　2003 年第三季度~2016 年第四季度我国固定投资价格指数　　单位:%

日期	固定资产投资价格指数	日期	固定资产投资价格指数	日期	固定资产投资价格指数
2003-09	102.40	2008-03	108.60	2012-09	100.24
2003-12	104.10	2008-06	111.30	2012-12	100.32
2004-03	107.50	2008-09	111.10	2013-03	100.17
2004-06	106.10	2008-12	104.70	2013-06	99.89
2004-09	104.70	2009-03	98.80	2013-09	100.10
2004-12	103.90	2009-06	96.10	2013-12	100.87
2005-03	101.80	2009-09	96.40	2014-03	101.10
2005-06	101.70	2009-12	99.00	2014-06	100.60
2005-09	101.60	2010-03	101.90	2014-09	100.41
2005-12	101.60	2010-06	103.60	2014-12	99.90
2006-03	100.30	2010-09	103.50	2015-03	99.13
2006-06	101.40	2010-12	105.40	2015-06	98.79
2006-09	102.20	2011-03	106.50	2015-09	97.70
2006-12	102.30	2011-06	106.70	2015-12	97.10
2007-03	102.30	2011-09	107.30	2016-03	97.32
2007-06	103.50	2011-12	105.70	2016-06	99.20
2007-09	104.00	2012-03	102.30	2016-09	99.90
2007-12	105.80	2012-06	101.60	2016-12	101.40

资料来源：Wind 资讯。

1. 序列的平稳性检验和纯随机性检验

建立工作文件并输入数据序列 ipi，打开序列 ipi，依次点击"View \ Graph"，选择"Line & Symbol"，可以得出时序图，如图 3-38 所示，可见，我国固定资产投资价格指数序列是平稳序列。

依次点击"View \ Correlogram \ OK"，得到如图 3-39 所示自相关系数图和偏自相关系数图。可见，自相关系数在延迟二阶之后基本上都落在两倍标准差范围之内，可以认为有短期相关性，可进一步验证其具有平稳性特征。序列的纯随机性检验表明，该序列为非纯随机性序列。

结合序列时序图、自相关系数图以及纯随机性检验结果，判定该序列为平稳非白噪声序列，可以考虑使用 ARMA 模型对其进行拟合。

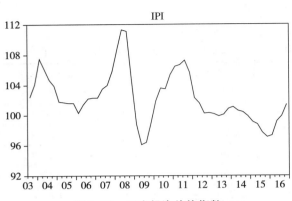

图 3-38　固定投资价格指数

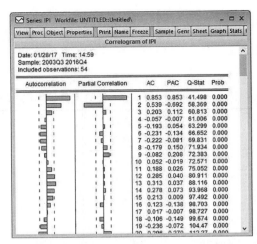

图 3-39　序列的自相关系数图和偏自相关系数图

2. 模型定阶

由图 3-39 可见，序列自相关系数衰减至 0 的速度较为缓慢，因此，认为不截尾；而偏自相关系数图二阶截尾特征非常明显，因此，可以尝试拟合 AR(2) 模型。

3. 参数估计

使用普通最小二乘法估计参数，在 EViews 命令窗口输入 "ls x c ar（1）ar（2）" 确定该模型的口径如下（见图 3-40）：

$$x_t = 102.1967 + \frac{\varepsilon_t}{1 - 1.4467B + 0.6975B^2}$$

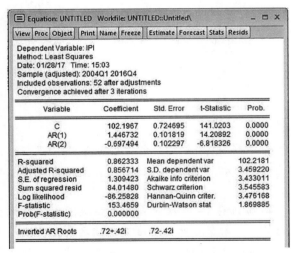

图 3-40　AR(2) 模型估计结果

4. 模型检验

在图 3-40 所示方程 "Equation" 窗口依次点击 "Proc \ Make Residual Series \ OK"，可得模型的残差序列，将残差命名为 "e1"（见图 3-41），并检验残差序列的纯随机性，见图 3-42。由检验结果可知，残差序列纯随机性检验 χ^2 统计量的 P 值均大于显著性水平 $\alpha = 0.05$，所以不能拒绝残差序列为纯随机序列的原假设，认为 AR(2) 模型的残差为纯随机序列，模型拟合有效。

观察图 3-40 中拟合模型参数的显著性检验，三个参数 μ、ϕ_1 和 ϕ_2 显著性检验的 t 统计量的 P 值均小于显著性水平 $\alpha = 0.05$，拒绝总体参数为 0 的原假设，即认为三个参数均显著不为 0。

综合以上结果，认为 AR(2) 模型拟合有效，可以用来做预测。

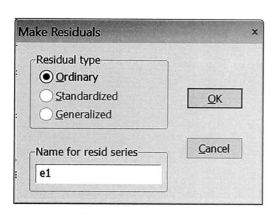

图 3-41　残差序列命名

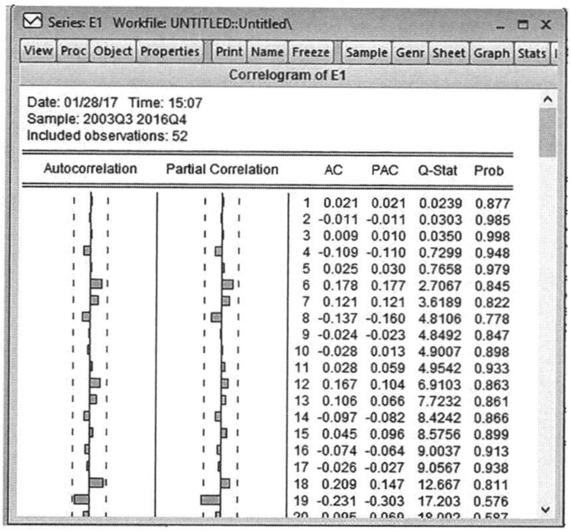

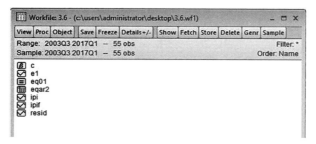

图 3-42　残差的纯随机性检验

5. 模型预测

首先双击"Wokefile"窗口中信息栏的总区间"Range"，如图 3-43 所示，修改区间范围，即将"End date"修改为 2017Q1，点"OK"。文件区间由原来的 2003Q3 ~ 2016Q4 扩展为 2003Q3 ~ 2017Q1。如图 3-43、图 3-44 所示。

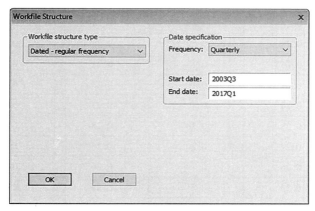

图 3-43　扩展总区间

图 3-44　修改总区间

打开 AR（2）模型的拟合方程，见图 3-40，点击"Forecast"，出现预测窗口，默认预测序列名为 ipif，可根据需要修改，点击右面"Method"下的静态预测"Static forecast"，即可出现原序列 ipi 的预测序列"ipif"，该序列最后一个数值即为 2017 年第一季度我国固定资产投资价格指数预测值，见图 3-45。

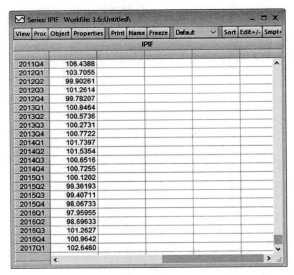

图 3-45　模型预测

3.5　练习案例

【练习 3-1】　2016 年 1 月 4 日~2016 年 9 月 19 日共计 180 天美国国债（一个月期）收益率数据如表 3-8 所示。

表 3-8　2016 年美国国债（一个月期）收益率　　　　　　单位:%

0.17	0.28	0.18	0.25	0.24	0.27
0.20	0.28	0.20	0.25	0.22	0.27
0.21	0.26	0.18	0.21	0.25	0.27
0.20	0.28	0.19	0.25	0.18	0.27
0.20	0.28	0.19	0.25	0.20	0.27
0.19	0.28	0.20	0.25	0.24	0.26
0.22	0.27	0.20	0.26	0.27	0.27
0.22	0.26	0.19	0.26	0.26	0.27
0.22	0.23	0.21	0.28	0.27	0.27
0.19	0.29	0.21	0.24	0.26	0.27

0.21	0.28	0.21	0.17	0.28	0.24
0.26	0.25	0.19	0.23	0.29	0.28
0.27	0.25	0.16	0.27	0.29	0.28
0.26	0.27	0.18	0.27	0.29	0.28
0.25	0.27	0.18	0.19	0.27	0.28
0.29	0.27	0.19	0.19	0.26	0.25
0.28	0.27	0.19	0.19	0.29	0.23
0.26	0.27	0.17	0.20	0.28	0.26
0.22	0.28	0.19	0.20	0.28	0.27
0.19	0.29	0.18	0.21	0.29	0.25
0.26	0.28	0.17	0.18	0.28	0.24
0.27	0.29	0.16	0.23	0.24	0.25
0.24	0.27	0.11	0.24	0.25	0.26
0.23	0.26	0.18	0.23	0.19	0.24
0.21	0.28	0.18	0.23	0.19	0.24
0.27	0.27	0.20	0.22	0.20	0.25
0.27	0.24	0.20	0.23	0.28	0.24
0.27	0.19	0.21	0.25	0.26	0.20
0.26	0.18	0.25	0.25	0.24	0.20
0.23	0.14	0.25	0.27	0.23	0.16

资料来源：Wind 资讯。

1. 检验该序列的平稳性和纯随机性。
2. 如果该序列为非纯随机序列，试选择合适的模型拟合该序列的发展。
3. 预测下一天国债收益率。

【练习 3-2】　表 3-9 为我国汽车制造行业 1999 年 2 月~2016 年 12 月销售利润率月度数据（列数据）：

表 3-9　我国汽车制造行业 1999 年 2 月~2016 年 12 月销售利润率　　　单位:%

2.08	3.98	8.95	2.70	5.53	8.32	8.21	8.34
1.51	5.05	9.34	3.31	6.06	8.25	8.19	8.28
2.41	5.23	9.81	3.50	6.11	8.24	8.19	8.29
2.47	5.80	9.97	3.76	6.31	8.37	8.36	8.46
2.76	6.12	9.83	4.21	5.57	8.55	8.44	8.65
3.29	6.20	9.69	4.27	6.59	7.30	8.84	7.63

3.34	6.29	9.60	4.35	6.40	7.87	8.69	8.17
3.01	6.27	9.45	4.48	5.95	8.02	8.88	8.28
3.36	6.23	9.29	4.49	3.08	7.83	9.17	8.53
3.74	6.20	9.24	4.63	5.68	7.93	9.32	8.44
4.01	6.21	8.70	4.64	6.58	7.92	9.13	8.35
1.77	4.20	7.82	4.39	7.22	7.88	8.96	8.22
2.33	5.18	8.42	4.76	8.52	7.95	8.87	8.21
3.42	5.74	8.77	5.06	8.56	7.87	8.80	8.25
4.12	6.23	8.52	4.98	8.70	7.94	8.77	8.32
4.79	6.71	8.81	5.12	8.62	8.05	8.99	8.33
4.96	6.89	8.67	5.01	8.33	7.60	7.89	
5.11	7.09	8.32	5.01	8.12	7.69	8.23	
5.28	7.31	8.08	5.00	8.66	7.88	8.44	
5.31	7.42	7.81	5.06	8.39	8.06	8.61	
5.18	7.55	7.28	5.09	8.37	8.16	8.76	
5.03	7.77	6.97	5.13	8.37	8.15	8.63	

资料来源：Wind 资讯。

1. 检验该序列的平稳性和纯随机性。

2. 如果该序列为非纯随机序列，试选择合适的模型拟合该序列的发展。

3. 预测 2017 年 1 月我国汽车行业销售利润率。

第 4 章

非平稳时间序列的
确定性分析

4.1 实验目的

了解非平稳时间序列确定性分析的基本内容；了解时间序列的 Wold 分解定理和 Cramer 分解定理；掌握时间序列的趋势分析和季节性分析方法。

4.2 实验原理

对非平稳时间序列的分析可以从确定性和随机性两个角度进行，本章主要介绍一些常用的确定性时序分析方法，包括时间序列的趋势分析法和季节效应分析法。

4.2.1 时间序列的分解

4.2.1.1 Wold 分解定理

任何一个离散平稳过程 $\{y_t\}$ 都可以分解为两个不相关的平稳序列之和，其中，一个为确定性的，另一个为随机性的，记作：

$$x_t = V_t + \xi_t \tag{4-1}$$

式中，$\{V_t\}$ 为确定性序列，$\{\xi_t\}$ 为随机序列，$\xi_t = \sum_{j=0}^{\infty} \phi_j \varepsilon_{t-j}$，它们需要满足如下条件：

（1）$\phi_0 = 1$，$\sum_{j=0}^{\infty} \phi_j^2 < \infty$；

（2）$\{\varepsilon_t\} \sim WN(0, \sigma_\varepsilon^2)$；

（3）$Cov(V_t, \varepsilon_s) = E(V_t, \varepsilon_s) = 0$，$\forall t \neq s$。

对任意序列 $\{y_t\}$ 而言，令 $\{y_t\}$ 关于 q 期之前的序列值作线性回归：

$$y_t = \alpha_0 + \alpha_1 y_{t-q} + \alpha_2 y_{t-q-1} + \cdots + \upsilon_t$$

其中，υ_t 为回归残差序列，$Var(\upsilon_t) = \tau_q^2$。

若 $\lim_{q \to \infty} \tau_q^2 = 0$，表明序列的发展有很强的规律性，称 $\{y_t\}$ 为确定性序列；

若 $\lim_{q \to \infty} \tau_q^2 = Var(y_t)$，表明序列的随机性很强，称 $\{y_t\}$ 为随机序列。

4.2.1.2　Cramer 分解定理

任何一个时间序列 $\{y_t\}$ 都可以分解为两部分的叠加，其中，一部分是由多项式决定的确定性趋势成分，另一部分是平稳的零均值误差成分，即：

$$x_t = \mu_t + \varepsilon_t = \sum_{j=0}^{d} \beta_j t^j + \Psi(B) a_t \qquad (4-2)$$

式中，$d < \infty$；β_1，β_2，$\cdots$，β_d 为常数系数；$\{a_t\}$ 为一个零均值白噪声序列；B 为延迟算子。

Wold 分解定理与 Cramer 分解定理既有区别，也有联系。两者的区别在于，前者仅限于研究平稳序列，说明任何平稳序列都可以分解为确定性序列和随机序列之和。它是现代时间序列分析理论的灵魂，是构造 ARMA 模型拟合平稳序列的理论基础。而后者所研究的序列既包括平稳序列，也包括非平稳序列，从而使理论与实际更加接近，即任何一个序列的波动都可以视为同时受到了确定性影响和随机性影响的综合作用。如果该序列是平稳序列，则要求这两方面的影响都是稳定的；如果该序列为非平稳序列，则其不平稳产生的机理就在于，它所受到的这两方面的影响至少有一方面是不稳定的。

两者的联系在于，Cramer 分解定理是 Wold 分解定理的理论推广，是从平稳的时间序列领域向非平稳领域的完美转变，两者共同作为时间序列建模的重要理论依据。

4.2.2　确定性因素分解

最常用的确定性分析方法是确定性因素分解法。传统的因素分解法将时间序列分解为四大类因素：长期趋势、循环波动、季节性变化和随机波动。

确定性时间序列分析的目的：其一，克服其他因素的影响，单纯测度出某一个确定性因素对序列的影响；其二，推断出各种确定性因素彼此之间的相互作用关系及它们对序列的综合影响。

4.2.3　趋势分析

有些时间序列具有非常显著的趋势，我们分析的目的就是要找到序列中的这种趋势，并利用这种趋势对序列的发展做出合理的预测。

4.2.3.1　趋势拟合法

趋势拟合法就是把时间作为自变量，相应的序列观察值作为因变量，建立序列值随时间变化的回归模型的方法。根据序列所表现出的线性或非线性特征，拟合方法又可以具体分为线性拟合和非线性拟合。

4.2.3.1.1 线性拟合

当长期趋势呈现出线性特征时，可以用线性模型来拟合。模型结构为：

$$\begin{cases} x_t = a + bt + I_t \\ E(I_t) = 0, \ Var(I_t) = \sigma^2 \end{cases} \tag{4-3}$$

式中，$\{I_t\}$ 为随机波动；$T = a + bt$ 就是消除随机波动的影响之后该序列的长期趋势。

4.2.3.1.2 非线性拟合

如果长期趋势呈现出非线性特征，那么，我们可以用非线性模型来拟合。

非线性模型参数估计的指导思想是：能转换成线性模型的都转换成线性模型，用线性最小二乘法进行参数估计，如不能转换成线性的，则用迭代法进行参数估计。

表4-1 非线性模型估计方法分类

模型	变换	变换后模型	参数估计方法
二次型：$T_t = a + bt + ct^2$	$t_2 = t^2$	$T_t = a + bt + ct_2$	线性最小二乘估计
指数型：$T_t = ab^t$	$T_t{}' = \ln T_t$ $a' = \ln a$ $b' = \ln b$	$T_t{}' = a' + b't$	线性最小二乘估计
$T_t = a + bc^t$	—	—	迭代法
$T_t = e^{a+bc^t}$	—	—	迭代法
$T_t = \dfrac{1}{a + bc^t}$	—	—	迭代法

4.2.3.2 平滑法

平滑法是进行趋势分析和预测时常用的一种方法。它是利用修匀技术削弱短期随机波动对序列的影响，使序列平滑化，从而显示出长期趋势变化的规律。根据平滑技术的不同，可分为移动平均法和指数平滑法。

4.2.3.2.1 移动平均法

移动平均法的基本思想是：假定在一个比较短的时间间隔里，序列值之间的差异主要由随机波动造成。根据这种假定，可以用一定时间间隔内的平均值作为某一期的估计值。

4.2.3.2.1.1 n 期中心移动平均

$$\tilde{x}_t = \begin{cases} \dfrac{1}{n}\left(x_{t-\frac{n-1}{2}} + x_{t-\frac{n-1}{2}+1} + \cdots + x_t + \cdots + x_{t+\frac{n-1}{2}-1} + x_{t+\frac{n-1}{2}}\right), & n\ 为奇数 \\ \dfrac{1}{n}\left(\dfrac{1}{2}x_{t-\frac{n}{2}} + x_{t-\frac{n}{2}+1} + \cdots + x_t + \cdots + x_{t+\frac{n}{2}-1} + \dfrac{1}{2}x_{t+\frac{n}{2}}\right), & n\ 为偶数 \end{cases} \tag{4-4}$$

4.2.3.2.1.2 n 期移动平均

$$\tilde{x}_t = \frac{1}{n}(x_t + x_{t-1} + \cdots + x_{t-n+1}) \tag{4-5}$$

移动平均期数确定的原则：

（1）事件的发展有无周期性。如果事件的发展具有一定的周期，应以周期长度作为移动平均的间隔长度，以消除周期波动效应。

（2）对趋势平滑的要求。移动平均所取的期数越多，平滑效果越好。

（3）对趋势反映近期变化敏感程度的要求。移动平均的期数越少，拟合趋势对近期的影响越敏感。

综合以上三个方面的考虑，如果想得到长期趋势，就应该进行期数较大的移动平均，如果想密切关注序列的短期趋势，就应该进行期数较小的移动平均。

4.2.3.2.2 指数平滑法

指数平滑方法的基本思想：在实际问题中，我们会发现，对于大多数随机事件而言，近期的结果对现在的影响会大些，而远期的结果对现在的影响会小些。为了更好地反映这种差异性影响，考虑将各期序列值对现期值影响的权重设置为随时间间隔的增大而呈指数衰减的形式。

4.2.3.2.2.1 简单指数平滑

$$\tilde{x}_t = \alpha x_t + \alpha(1-\alpha)x_{t-1} + \alpha(1-\alpha)^2 x_{t-2} + \cdots \tag{4-6}$$

式中，α 为平滑系数，它满足 $0 < a < 1$。

初始值的确定：$\tilde{x}_0 = x_1$。

平滑系数的确定：一般对于变化缓慢的序列，α 常取较小的值；对于变化迅速的序列，α 常取较大的值。经验表明，α 的值介于 0.05~0.3 时，修匀效果比较好。

一期预测值：

$$\hat{x}_{T+1} = \tilde{x}_T = \alpha x_T + \alpha(1-\alpha)x_{T-1} + \alpha(1-\alpha)2x_{T-2} + \cdots \tag{4-7}$$

二期预测值：

$$\begin{aligned} \hat{x}_{T+2} &= \alpha \hat{x}_{T+1} + \alpha(1-\alpha)x_T + \alpha(1-\alpha)2x_{T-1} + \cdots \\ &= \alpha \hat{x}_{T+1} + (1-\alpha)\hat{x}_{T+1} = \hat{x}_{T+1} \end{aligned} \tag{4-8}$$

l 期预测值：

$$\hat{x}_{T+l} = \hat{x}_{T+1},\ l \geq 2 \tag{4-9}$$

4.2.3.2.2.2 Holt 两参数指数平滑

Holt 两参数指数平滑适用于对含有线性趋势的序列进行修匀。构造思想如下：

（1）假定序列有一个比较固定的线性趋势。即：

$$\hat{x}_t = x_{t-1} + r \tag{4-10}$$

（2）两参数修匀。即：

$$\begin{cases} \tilde{x}_t = \alpha x_t + (1-\alpha)(\tilde{x}_{t-1} + r_{t-1}) \\ r_t = \gamma(\tilde{x}_t - \tilde{x}_{t-1}) + (1-\gamma)r_{t-1} \end{cases} \tag{4-11}$$

（3）初始值的确定。

平滑序列的初始值为：

$$\tilde{x}_0 = x_1$$

趋势序列的初始值为：

$$r_0 = \frac{x_{n+1} - x_1}{n}$$

适用 Holt 两参数指数平滑预测 l 期预测值为：

$$\hat{x}_{T+l} = \tilde{x}_T + l \cdot r_T \tag{4-12}$$

4.2.4 季节效应分析

4.2.4.1 季节指数

季节指数就是用简单平均法计算的周期内各时期季节性影响的相对数。

4.2.4.2 季节模型

季节模型：

$$x_{ij} = \bar{x} \cdot S_j + I_{ij} \tag{4-13}$$

式中，x_{ij} 为各月平均值，S_j 为第 j 个月的季节指数，I_{ij} 为第 i 年第 j 个月的随机波动。

季节指数的计算分为三步：

第一步：计算周期内各期平均数。

$$\bar{x}_k = \frac{\sum\limits_{i=1}^{n} x_{ik}}{n}, \ k = 1, 2, \cdots, m \tag{4-14}$$

第二步：计算总平均数。

$$\bar{x} = \frac{\sum\limits_{i=1}^{n} \sum\limits_{k=1}^{m} x_{ik}}{nm} \tag{4-15}$$

第三步：计算季节指数。

$$S_k = \frac{\overline{x}_k}{\overline{x}}, \ k = 1, \ 2, \ \cdots, \ m \tag{4-16}$$

季节指数反映了该季度与总平均值之间的一种比较稳定的关系；如果这个比值大于1，说明该季度的值常常会高于总平均值；如果这个比值小于1，说明该季度的值常常低于总平均值；如果序列的季节指数都近似等于1，说明该序列没有明显的季节效应。

4.2.5　综合分析

前面内容实现了确定性时间序列分析的第一个目的，即克服其他因素的影响，单独测度出某一个确定性因素对序列的影响。确定性时间序列分析的第二个目的是推断出各种确定性因素彼此之间的作用关系以及它们对序列的综合影响。

常用综合分析模型有以下几种：

4.2.5.1　加法模型

$$x_t = T_t + S_t + I_t \tag{4-17}$$

4.2.5.2　乘法模型

$$x_t = T_t \cdot S_t \cdot I_t \tag{4-18}$$

4.2.5.3　混合模型

（1）模型1：　　　　　　　　　　$x_t = S_t \cdot T_t + I_t$
（2）模型2：　　　　　　　　　　$x_t = S_t \cdot (T_t + I_t)$ 　　　　$\tag{4-19}$

式中，T_t 代表序列的长期趋势波动；S_t 代表序列的季节性（周期性）变化；I_t 代表随机波动。

在确定性影响很强劲而不确定性影响很微弱时，选择合适的确定性模型通常会得到较为理想的预测结果。

4.2.6　X—11 过程

X—11 过程是美国国情调查局编制的时间序列季节调整过程。它的基本原理就是时间序列的确定性因素分解方法。

X—11 过程假设任何一个时间序列都可以分解为长期趋势波动、季节波动、不规则波动和交易日影响。模型有加法模型和乘法模型。

这种方法的特点是：普遍采用移动平均的方法；用多次短期中心移动平均消除随机波动；用周期移动平均消除周期波动；用交易周期移动平均消除交易日影响。

4.3　教学案例

4.3.1　趋势分析

4.3.1.1　线性趋势拟合

【案例4-1】　以澳大利亚政府1981~1990年每季度消费支出数据为例进行分析。

表4-2　澳大利亚政府1981~1990年每季度消费支出　　　　单位：百万澳元

时间	政府消费支出	时间	政府消费支出	时间	政府消费支出
1981 Q1	8444	1984 Q3	9746	1988 Q1	10698
1981 Q2	9215	1984 Q4	10074	1988 Q2	11624
1981 Q3	8879	1985 Q1	9578	1988 Q3	11052
1981 Q4	8990	1985 Q2	10817	1988 Q4	11393
1982 Q1	8115	1985 Q3	10116	1989 Q1	10609
1982 Q2	9457	1985 Q4	10779	1989 Q2	12077
1982 Q3	8590	1986 Q1	9901	1989 Q3	11376
1982 Q4	9294	1986 Q2	11266	1989 Q4	11777
1983 Q1	8997	1986 Q3	10686	1990 Q1	11225
1983 Q2	9574	1986 Q4	10961	1990 Q2	12231
1983 Q3	9051	1987 Q1	10121	1990 Q3	11884
1983 Q4	9724	1987 Q2	11333	1990 Q4	12109
1984 Q1	9120	1987 Q3	10677		
1984 Q2	10143	1987 Q4	11325		

1. 建立工作文件

启动 EViews8.0 软件，依次单击"New/Workfile"，在"Frequency"中选择"Quarterly"并输入初始日期和截止日期，本例中分别为1981：1和1990：4，表示1980年第一季度到1990年第四季度，见图4-1。

2. 定义变量并输入数据

在命令行中输入"data t zc"并回车后，弹出用于存放数据的"Group"对象窗口。输入数据或者将已经准备好的 Excel 数据粘贴至该组，如图 4-2 所示。

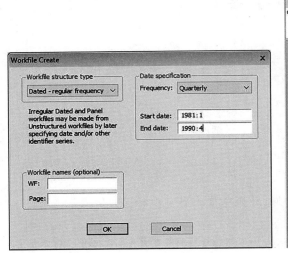

图 4-1　建立工作文件　　　　　　　　　　图 4-2　输入数据

3. 绘制趋势图

在进行趋势拟合之前，可以通过绘制趋势图对序列的变化趋势进行分析。在"Quick"菜单栏下选择"Group"，出现如图 4-3 所示对话框，输入"zc"后点击"OK"，得到澳大利亚政府季度消费支出趋势图（见图 4-4）。

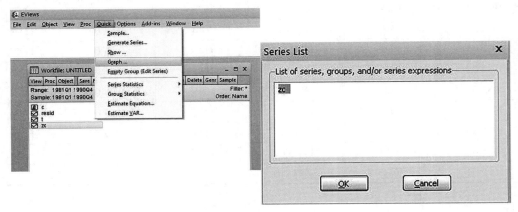

图 4-3　绘制 zc 序列的趋势图

由图 4-4 中可知，澳大利亚政府季度消费支出具有线性上升的长期趋势，所以进行序列值对时间的线性回归分析。

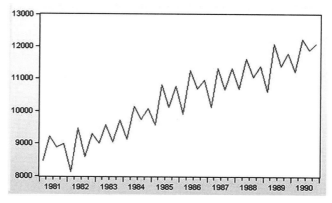

图4-4 澳大利亚政府季度消费支出趋势图

4. 线性拟合

针对具有线性趋势特征的 zc 变量进行线性拟合，在命令栏中输入"ls zc c t"，或者在"Quick"菜单栏下选择"Estimate Equation"，出现如图4-5所示的对话框，在"Specification"中输入"zc c t"即可得到回归参数估计和回归效果评价，结果见图4-6。通过图4-6可以看出回归参数显著，模型显著，回归效果较好，所以该序列具有明显的线性趋势。

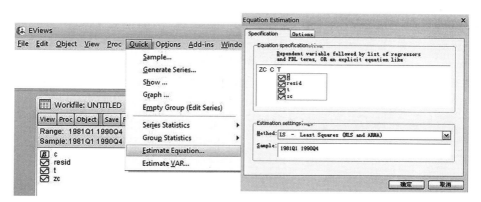

图4-5 支出序列（zc）对时间（t）进行线性回归拟合

Dependent Variable: ZC
Method: Least Squares
Date: 10/21/16   Time: 22:36
Sample: 1981Q1 1990Q4
Included observations: 40

Variable	Coefficient	Std. Error	t-Statistic	Prob.
C	8498.688	137.9174	61.62160	0.0000
T	89.12251	5.862193	15.20293	0.0000

R-squared	0.858804	Mean dependent var		10325.70
Adjusted R-squared	0.855088	S.D. dependent var		1124.273
S.E. of regression	427.9803	Akaike info criterion		15.00474
Sum squared resid	6960350.	Schwarz criterion		15.08918
Log likelihood	-298.0948	Hannan-Quinn criter.		15.03527
F-statistic	231.1291	Durbin-Watson stat		3.218364
Prob(F-statistic)	0.000000			

图4-6 参数估计

5. 预测

运用所估计出的线性回归模型对 zc 序列做预测。点击图 4-6 中的"Forecast"，可以得到如图 4-7 所示界面，在"Forecast name"中输入"zcf"，点击"OK"就可以得到如图 4-8 所示的预测效果图，并且在工作文件中也出现了预测变量 zcf，见图 4-9。

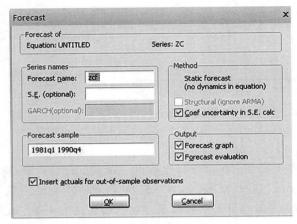

图 4-7　运用模型进行预测　　　　　　图 4-8　预测效果（偏差率、方差率等）

为了验证拟合模型的效果，将 zc 和 zcf 序列绘制在同一个图形中进行对比，选中"zc"和"zcf"两个变量，点击鼠标右键，之后点击"Open/as Group"，将"zc"和"zcf"序列以组对象打开，如图 4-9 和图 4-10 所示。在 Group 对象窗口点击"View"如图 4-10 所示，点击"Graph"可以得到原序列 zc 和预测序列 zcf 的线性图，见图 4-11。图中，直线为预测序列 zcf，曲线为原序列，通过对比可知，线性拟合效果较好。

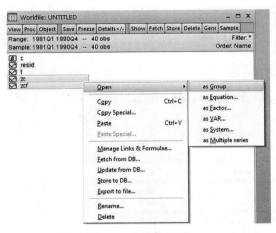

图 4-9　打开组对象　　　　　　　图 4-10　绘制原序列和预测序列的线性图

双击打开工作文件中的"Resid"序列，即模型的残差，并作时序图（见图 4-12），可以看出，残差序列具有平稳时间序列的特征，表明剔除了长期趋势后的残差序列平稳。

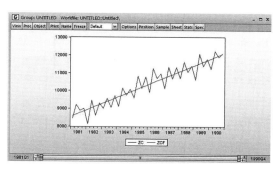

图 4-11　原序列和预测序列的线性图

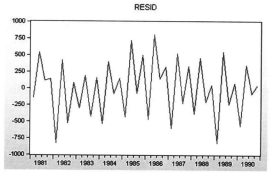

图 4-12　残差序列的曲线图

4.3.1.2　曲线趋势拟合

【案例 4-2】　对我国 1949~2008 年化肥产量序列进行拟合。

1. 建立工作文件

启动 EViews8.0 软件，依次单击"New/Workfile"，在"Frequency"中选择"Annual"并输入初始年度和截止年度，本例中分别为"1949"和"2008"，出现如图 4-13 所示工作文件窗口。

2. 定义变量并输入数据

在命令行中输入"data t x"并回车后，弹出用于存放数据的"Group"对象窗口。输入数据或者将已经准备好的 Excel 数据粘贴至该组，如图 4-14 所示。

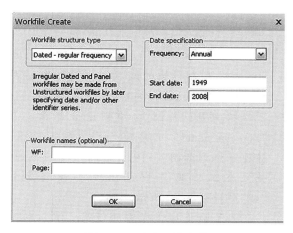

图 4-13　建立工作文件　　　　　　　图 4-14　输入数据

3. 绘制趋势图

在进行趋势拟合之前，可以通过绘制趋势图对变量的变化趋势进行初步观察，在"Quick"菜单下选择"Group"，出现如图 4-15 所示对话框，输入"x"并点击"OK"后，即可得到化肥产量序列趋势图（见图 4-16）。从图中可以看出，该序列存在曲线上升的变化趋势，因此，尝试用二次曲线模型拟合该序列的发展。

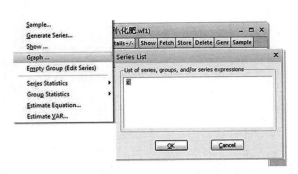

图 4-15 对 x 序列绘制趋势图

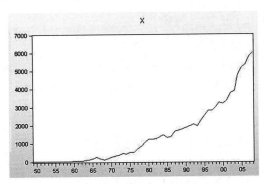

图 4-16 化肥产量趋势图

Dependent Variable: X
Method: Least Squares
Date: 10/29/16   Time: 23:10
Sample: 1949 2008
Included observations: 60

Variable	Coefficient	Std. Error	t-Statistic	Prob.
C	319.0255	105.3371	3.028616	0.0037
T	-57.76896	7.967887	-7.250224	0.0000
T*T	2.355061	0.126606	18.60145	0.0000

R-squared	0.975460	Mean dependent var	1454.190
Adjusted R-squared	0.974599	S.D. dependent var	1649.954
S.E. of regression	262.9635	Akaike info criterion	14.03061
Sum squared resid	3941539.	Schwarz criterion	14.13533
Log likelihood	-417.9184	Hannan-Quinn criter.	14.07157
F-statistic	1132.880	Durbin-Watson stat	0.275856
Prob(F-statistic)	0.000000		

图 4-17 模型参数估计和回归效果评价

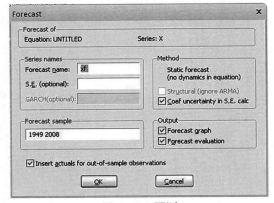

图 4-18 预测

4. 曲线拟合

针对具有曲线趋势特征的变量进行曲线拟合，在命令栏中输入"ls x c t t *t"，或者在"Quick"菜单下选择"Estimate Equation"，在"Specification"的输入框中输入"x c t t *t"即可得到回归参数估计和回归效果评价，结果见图 4-17。从图 4-17 可以看出，回归参数显著不为零，回归效果较好，表明序列具有明显二次曲线趋势。

5. 预测

运用所估计出的线性回归模型对 zc 序列做预测。点击图 4-17 中的"Forecast"，可以得到图 4-18 的预测设置界面，在"Forecast name"中输入"xf"，点击"OK"就可以得到如图 4-19 所示的预测效果图，并且在工作文件中也出现了预测变量"xf"，如图 4-20 所示。

为了验证拟合模型的效果，将 x 和 xf 的时序在同一个图形中显示并进行对比，得到原序列 x 和预测序列 xf 的趋势图（见

图 4-21、图 4-22)。通过对比原序列和预测序列的图形可知，拟合效果较好。最后，计算 x 和 xf 之间的预测误差 e（见图 4-23)，并对其进行单位根检验，检验结果见图 4-24。

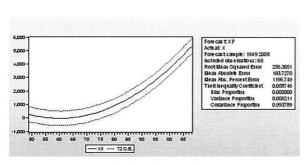

图 4-19　模型的预测效果分析

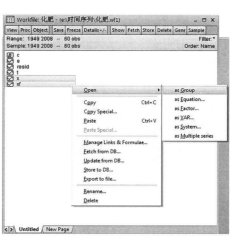

图 4-20　打开组对象

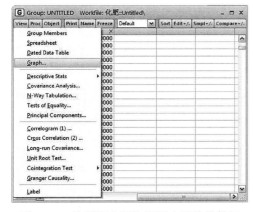

图 4-21　绘制原序列和预测序列的趋势图

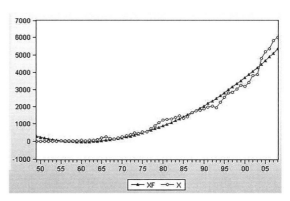

图 4-22　原序列和预测序列值曲线图

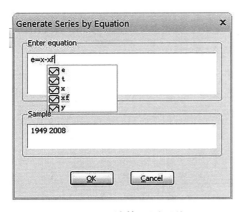

图 4-23　计算预测误差

Group unit root test: Summary
Series: E
Date: 10/29/16　Time: 23:39
Sample: 1949 2008
Exogenous variables: None
Automatic selection of maximum lags
Automatic lag length selection based on AIC: 10
Newey-West automatic bandwidth selection and Bartlett kernel
Balanced observations for each test

Method	Statistic	Prob.**	Cross-sections	Obs
Null: Unit root (assumes common unit root process)				
Levin, Lin & Chu t*	-3.86024	0.0001	1	49
Null: Unit root (assumes individual unit root process)				
ADF - Fisher Chi-square	13.9484	0.0009	1	49
PP - Fisher Chi-square	5.46253	0.0651	1	59

** Probabilities for Fisher tests are computed using an asymptotic Chi-square distribution. All other tests assume asymptotic normality.

图 4-24　对预测误差序列进行单位根检验

单位根检验结果显示，拒绝原假设，序列不存在单位根，即为平稳序列，说明二次曲线模型对长期趋势拟合效果较好。

序列与时间之间的关系还有很多种，比如指数曲线、生命曲线、龚柏茨曲线等，其回归模型的建立、参数估计等方法与回归分析相同，这里不再详细叙述。

4.3.2　平滑法

除趋势拟合方法以外，平滑法也是消除短期随机波动的有效方法。平滑法主要有移动平均方法和指数平滑法两种，这里主要介绍指数平滑方法。

【案例 4-3】　对北京市 1978~2000 年报纸发行量序列进行 Holt 两参数指数平滑。

表 4-3　北京市 1978~2000 年报纸发行量

年份	报纸发行量	年份	报纸发行量
1978	51259	1990	87489
1979	63565	1991	94339
1980	75095	1992	114824
1981	78371	1993	127791
1982	78984	1994	114373
1983	86499	1995	112577
1984	98628	1996	136308
1985	99941	1997	130754
1986	103630	1998	140870
1987	109547	1999	148039
1988	113375	2000	146395
1989	82999		

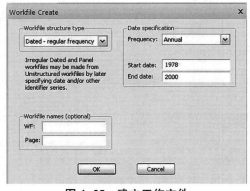

图 4-25　建立工作文件

1. 建立工作文件

启动 EViews8.0 软件，依次单击"New/Workfile"，在"Frequency"中选择"Annual"并输入初始年度和截止年度，本例中分别为"1978"和"2000"，出现如图 4-25 所示工作文件创建窗口。

2. 定义变量并输入数据

在命令行中输入"data x"并回车后，弹出用于存放数据的"Group"对象窗口。输入数据或者将已经准备好的 Excel 数据粘贴至该组，如图 4-26 所示。

3. Holt 两参数指数平滑

按照 $\alpha = 0.15$，$\gamma = 0.1$ 对报纸发行量数据序列 x 进行 Holt 两参数指数平滑。打开 x 序列对象 "proc" 菜单下 "Exponential Smoothing" 中的 "Simple Exponential Smoothing…"（见图 4-27）。在 "Smothing method" 中选中 "Holt-Winters-No seasonal"，在 "Smothing parameters" 的 "Alpha（mean）" 旁的对话框中输入 0.15，"Gamma（seasonal）" 旁的对话框中输入 0.1（见图 4-28），再点击 "OK" 就得到了序列 x 的 Holt 两参数指数平滑序列 "xsm"（见图 4-29）。

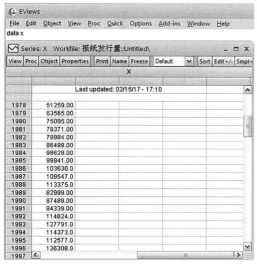

图 4-26　输入数据

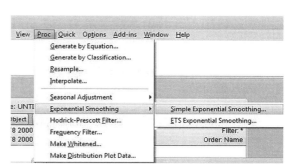

图 4-27　Holt 两参数指数平滑法 1

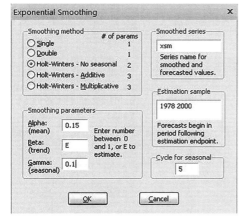

图 4-28　Holt 两参数指数平滑法 2

图 4-29　Holt 两参数平滑序列值

4. 绘制原序列和平滑序列的趋势图

将原序列 x 和平滑值序列 xsm 打开在同一数据组（具体方法见案例 4-2 中的介绍）得

到如图 4-30 所示的数据组，点击菜单栏"EView"中的"Graph"就可以得到如图 4-31 所示的图形。

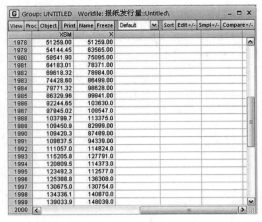

图 4-30　原序列和平滑序列

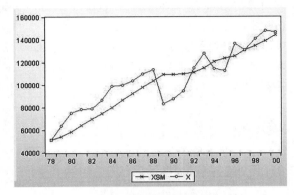

图 4-31　Holt 两参数指数平滑曲线

由图 4-30、图 4-31 可见，指数平滑序列 xsm 对原序列 x 的修匀效果较好。

4.3.3　季节效应分析

许多序列有季节效应，比如气温、商品零售额、某景点旅游人数等，都会呈现明显的季节变动规律。

【案例 4-4】　以北京市 1995~2000 年月平均气温序列为例，介绍季节效应分析方法。

表 4-4　北京市 1995~2000 年月平均气温　　　　　　单位:℃

月份	1995	1996	1997	1998	1999	2000
1	-0.7	-2.2	-3.8	-3.9	-1.6	-6.4
2	2.1	-0.4	1.3	2.4	2.2	-1.5
3	7.7	6.2	8.7	7.6	4.8	8.1
4	14.7	14.3	14.5	15.0	14.4	14.6
5	19.8	21.6	20.0	19.9	19.5	20.4
6	24.3	25.4	24.6	23.6	25.4	26.7
7	25.9	25.5	28.2	26.5	28.1	29.6
8	25.4	23.9	26.6	25.1	25.6	25.7
9	19.0	20.7	18.6	22.2	20.9	21.8
10	14.5	12.8	14.0	14.8	13.0	12.6
11	7.7	4.2	5.4	4.0	5.9	3.0
12	-0.4	0.9	-1.5	0.1	-0.6	-0.6

1. 建立工作文件

启动 EViews8.0 软件，依次单击"New/Workfile"，在"Frequency"中选择"Monthly"并输入初始年度月份和截止年度月份，本例中分别为"1995.01"和"2000.12"，出现如图 4-32 所示工作文件创建窗口。

2. 定义变量并输入数据

在命令行中输入"data tem"并回车后，弹出用于存放数据的"Group"对象窗口。输入数据或者将已经准备好的 Excel 数据粘贴至该组，结果如图 4-33 所示。

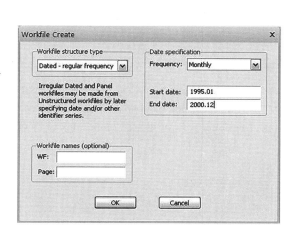

图 4-32　建立工作文件

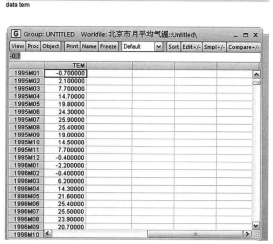

图 4-33　输入数据

3. 绘制趋势图

在进行趋势拟合之前可以通过趋势图对变量的趋势进行分析。在"Quick"菜单下选择"Graph"，出现如图 4-34 所示对话框，在对话框内输入"tem"，得到北京月平均气温的趋势图（见图 4-35）。

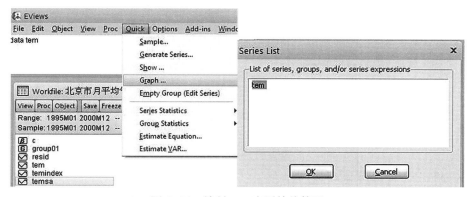

图 4-34　绘制 tem 序列的趋势图

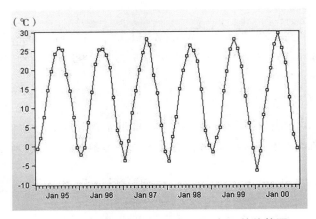

图 4-35　1995~2000 年北京月平均气温的趋势图

4. 季节调整

对 tem 序列进行季节调整，这里选择使用移动平均法（见图 4-36）。打开序列 tem，点击 "Proc" 菜单，选择该菜单栏下 "Seasonal Adjustment" 的子菜单 "Moving Average Methods"，得到如图 4-37 所示的对话框，选择 "Difference from moving average-Additive"（加法模型，也可选择乘法模型），并在 "Factors（optional）" 中输入 "temindex" 得到如图 4-38 所示的 12 个月的加法调整因子。

图 4-36　季节调整（移动平均法）1

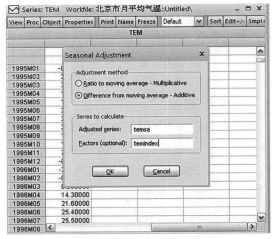

图 4-37　季节调整（移动平均法）2

在工作文件选中 "tem" "temsa" 和 "temindex"（见图 4-39）并点击鼠标右键，选择 "Open" 菜单栏下的 "As Group"，以组对象打开这三个序列，得到如图 4-40 所示数据组，对这三组序列绘制趋势图，得到季节调整序列、原序列和调整后序列的曲线对比图（见图4-41）。从图中可以看出，调整后的序列 "temsa" 不再包含季节效应。季节调整还可以用 X-11、X-12 等方法进行。

Sample: 1995M01 2000M12
Included observations: 72
Difference from Moving Average
Original Series: TEM
Adjusted Series: TEMSA

Scaling Factors:

1	-16.56847
2	-12.22181
3	-5.967639
4	1.504861
5	7.279861
6	12.18069
7	13.82986
8	12.38736
9	7.374028
10	0.911528
11	-7.472639
12	-13.23764

图 4-38　12 个月的加法调整因子

图 4-39　打开三个序列（季节调整
序列、原序列、调整后序列）

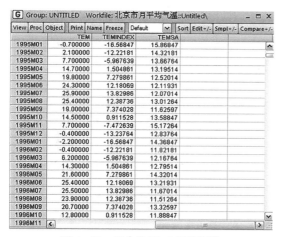

图 4-40　三个序列（季节调整
序列、原序列、调整后序列）数据

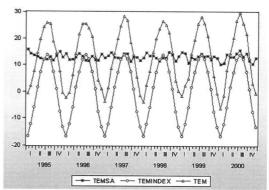

图 4-41　三个序列（季节调整
序列、原序列、调整后序列）曲线图

4.3.4　X-11 过程

　　大多数季度数据或月度数据都会受到季节趋势和交易日的影响，而我们更加关注的是长期趋势。X-11 过程主要是从原序列中剔除季节效应、交易日影响以及随机影响，得到能够呈现事件长期发展变化态势的长期趋势，在科学研究中是一种非常实用的数据处理方法。X-11 的基本原理是采用多次移动平均法，EViews8.0 中 X-12、X-13 季节调整过程与 X-11 的原理类似。

【案例 4-5】　　2006 年 1 月~2015 年 12 月我国公共财政支出月度数据如表 4-5 所示，试采用 X-12 过程上述序列进行季节调整。

表 4-5　2006 年 1 月~2015 年 12 月我国公共财政支出月度数据　　单位：亿元

日期	公共财政支出	日期	公共财政支出	日期	公共财政支出	日期	公共财政支出
2006-01	2227.88	2008-07	4561.40	2011-01	6408.97	2013-07	9354.51
2006-02	1559.67	2008-08	4035.70	2011-02	4074.80	2013-08	9607.61
2006-03	2504.10	2008-09	4948.94	2011-03	7570.00	2013-09	12856.22
2006-04	2728.52	2008-10	4143.17	2011-04	7304.45	2013-10	10507.35
2006-05	2166.30	2008-11	5254.03	2011-05	8268.00	2013-11	12657.53
2006-06	3414.62	2008-12	16601.69	2011-06	10809.12	2013-12	25046.79
2006-07	2524.77	2009-01	3993.45	2011-07	6949.92	2014-01	10153.31
2006-08	2604.92	2009-02	3810.08	2011-08	8076.96	2014-02	6913.39
2006-09	3426.17	2009-03	5007.39	2011-09	10018.55	2014-03	13365.77
2006-10	2670.56	2009-04	5078.05	2011-10	8079.03	2014-04	9409.81
2006-11	3783.71	2009-05	4608.01	2011-11	11396.18	2014-05	12789.84
2006-12	10811.51	2009-06	6405.58	2011-12	19974.22	2014-06	16521.98
2007-01	1870.86	2009-07	4985.67	2012-01	7026.80	2014-07	10256.20
2007-02	2543.71	2009-08	4737.12	2012-02	6897.34	2014-08	10203.69
2007-03	2874.18	2009-09	6577.43	2012-03	10193.91	2014-09	14025.53
2007-04	3220.47	2009-10	4683.26	2012-04	7885.00	2014-10	9909.78
2007-05	2922.20	2009-11	6349.93	2012-05	9165.00	2014-11	12758.58
2007-06	4488.57	2009-12	19638.00	2012-06	12724.00	2014-12	25354.13
2007-07	3236.56	2010-01	3465.80	2012-07	9528.00	2015-01	8136.78
2007-08	3426.67	2010-02	4940.21	2012-08	9020.00	2015-02	10728.38
2007-09	4433.11	2010-03	5923.95	2012-09	11679.00	2015-03	13950.11
2007-10	3560.25	2010-04	5575.55	2012-10	8617.00	2015-04	12534.50
2007-11	4508.19	2010-05	5786.70	2012-11	12160.00	2015-05	13124.15
2007-12	12696.58	2010-06	8119.15	2012-12	20816.38	2015-06	18814.02
2008-01	3014.10	2010-07	5810.87	2013-01	8367.26	2015-07	12732.37
2008-02	2682.85	2010-08	6413.69	2013-02	7737.74	2015-08	12843.51
2008-03	3809.81	2010-09	8469.04	2013-03	10932.00	2015-09	17798.71
2008-04	4078.44	2010-10	6488.30	2013-04	9307.95	2015-10	13491.42
2008-05	4024.63	2010-11	10599.64	2013-05	10265.61	2015-11	16069.43
2008-06	5272.21	2010-12	17982.00	2013-06	13103.69	2015-12	25544.62

资料来源：Wind 资讯。

试采用 X-12 过程对上述序列进行季节调整。

　　建立工作文件并输入数据"fexp"，在序列"fexp"窗口点击"Proc/Seasonal Adjustment/Census X-12"，如图4-42所示，点击"OK"后出现如图4-43所示设置界面。左上栏选择X-11方法中的乘法模型"Mutiplicative"，最下面选择保存基于"fexp"序列的季节调整序列"Final seasonally adjusted series：fexp_sa"、季节因子"Final seasonally factors：fexp_sf"、长期趋势"Final trend cycle：fexp_tc"以及不规则成分"Final irregular component：fexp_ir"并点击确定后，在对象区域出现如图4-44、图4-45所示四个序列对象。

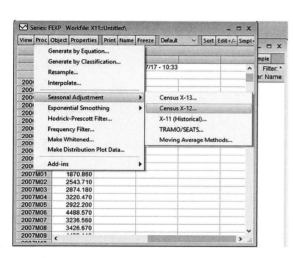

图4-42　X-12季节调整过程

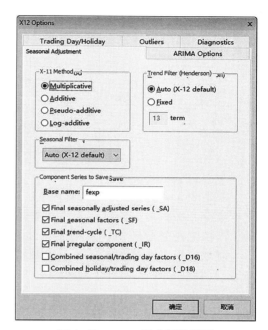

图4-43　X-12季节调整设置

图4-44　季节调整序列

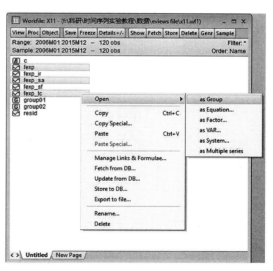

图4-45　以组对象打开四个序列

　　将原序列 fexp、季节调整序列 fexp_sa 以及长期趋势 fexp_tc 序列以组对象打开，并做时序图进行对比，如图 4-46 所示。

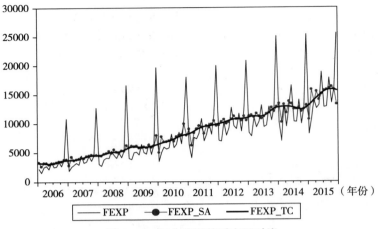

图 4-46　四个序列的时序图对比

　　观察图 4-46 可见，季节调整序列 fexp_sa 和长期趋势 fexp_tc 序列将原序列 fexp 中的季节成分成功剥离，其中，季节调整序列 fexp_sa 包含长期趋势序列 fexp_tc 和不规则变动，而长期趋势序列 fexp_tc 则显现出该序列的长期趋势特征。

　　将不规则变动成分 fexp_ir 和季节因子 fexp_sf 以组对象打开，并做时序图，如图 4-47 所示。

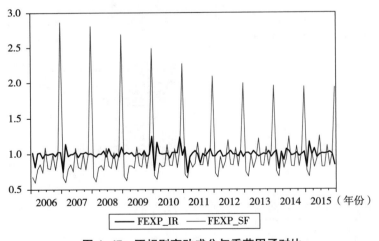

图 4-47　不规则变动成分与季节因子对比

　　图 4-47 中的 fexp_sf 是从原序列 fexp 中根据特定的模型结构剥离出来的季节因子，可见，季节效应非常明显。fexp_ir 是不规则波动序列，该序列呈随机波动状态，表明 X-11（X-12）过程对季节效应和趋势信息的提取比较充分。根据季节因子序列 fexp_sf 计算出平均季节指数并绘图（见图 4-48）。可以看出，12 月是我国公共财政支出高峰期。

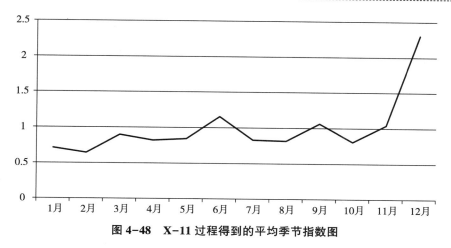

图 4-48 X-11 过程得到的平均季节指数图

4.4　综合案例

前面介绍了单独测度长期趋势和季节效应的分析方法，本小节介绍既有长期趋势又有季节效应的复杂序列的分析方法。

【**案例 4-6**】　对 1993~2000 年中国社会消费品零售总额月度序列进行确定性分析。

表 4-6　1993~2000 年中国社会消费品月度零售总额　　　　　单位：亿元

月份	1993	1994	1995	1996	1997	1998	1999	2000
1	977.5	1192.2	1602.2	1909.1	2288.5	2549.5	2662.1	2774.7
2	892.5	1162.7	1491.5	1911.2	2213.5	2306.4	2538.4	2805.0
3	942.3	1167.5	1533.3	1860.1	2130.9	2279.7	2403.1	2627.0
4	941.3	1170.4	1548.7	1854.8	2100.5	2252.7	2356.8	2572
5	962.2	1213.7	1585.4	1898.3	2108.2	2265.2	2364.0	2637.0
6	1005.7	1281.1	1639.7	1966.0	2164.7	2326.0	2428.8	2645.0
7	963.8	1251.5	1623.6	1888.7	2102.5	2286.1	2380.3	2597.0
8	959.8	1286.0	1637.7	1916.4	2104.4	2314.6	2410.9	2636.0
9	1023.3	1396.2	1756.0	2083.5	2239.6	2443.1	2604.3	2854.0
10	1051.1	1444.1	1818.0	2148.3	2348.0	2536.0	2743.9	3029.0
11	1102.0	1553.8	1935.0	2290.1	2454.9	2652.2	2781.5	3108.0
12	1415.5	1932.2	2389.5	2848.6	2881.7	3131.4	3405.7	3680.0

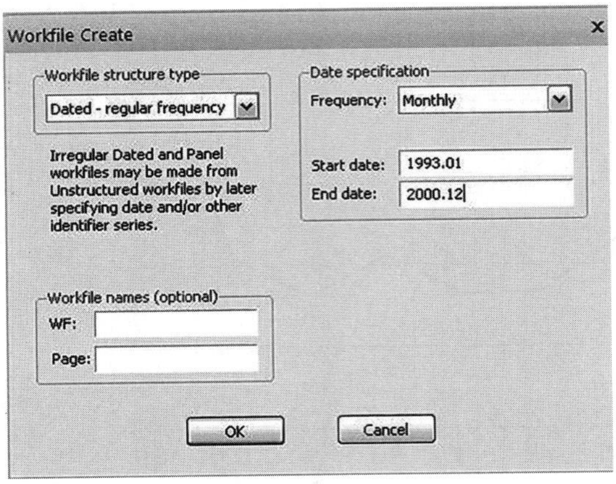

图 4-49　建立工作文件

图 4-50　输入数据

1. 建立工作文件

启动 EViews8.0 软件，依次单击"New/Workfile"，在"Frequency"中选择"Monthly"并输入初始年度月份和截止年度月份，本例中分别为 1993.01 和 2000.12，出现如图 4-49 所示工作文件创建窗口。

2. 定义变量并输入数据

在命令行中输入"data s"回车后，弹出用于存放数据的"Group"对象窗口。输入数据或者将已经准备好的 Excel 数据粘贴至该组，如图 4-50 所示。

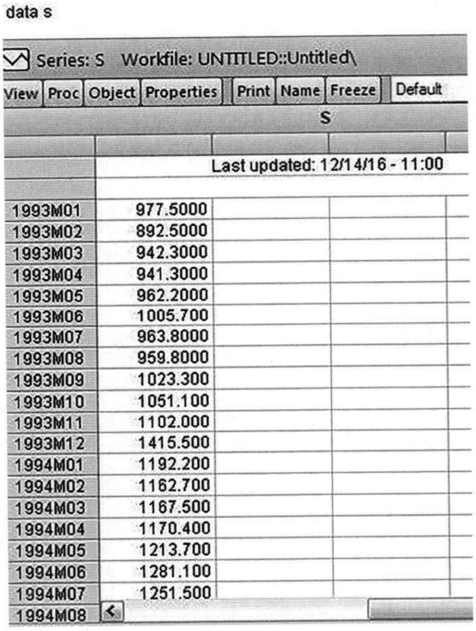

3. 绘制趋势图

在进行趋势拟合之前，可以通过趋势图对变量的趋势进行初步观察，在"Quick"菜单下选择"Graph"，出现如图 4-51 所示对话框，输入"s"，得到北京月平均气温的趋势图（见图 4-52），通过趋势图可以看出，该序列中既有长期趋势又有季节波动。

4. 季节调整

针对 s 序列进行季节调整，这里选择使用移动平均法，打开序列"s"，点击"Proc"菜单，选择该菜单下"Seasonal Adjustment"的子菜单"Moving Average Methods"，得到图 4-53 及如图 4-54 所示的对话框，选择"Ratio to moving average-Multiplicative"，得到如图 4-55 所示的 12 个月的加法调整因子。对季节调整后的序列"ssa"作趋势图（见图 4-56），由图可见，季节调整后的序列具有明显的线性递增趋势，故可以考虑对"ssa"序列进行趋势拟合。

图 4-51　绘制 s 序列的趋势图

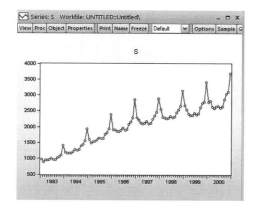

图 4-52　1993~2000 年中国社会消费品
　　　　　零售总额时序图

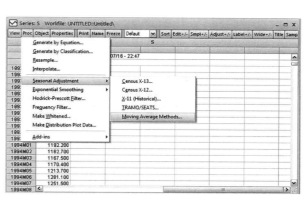

图 4-53　进行季节调整

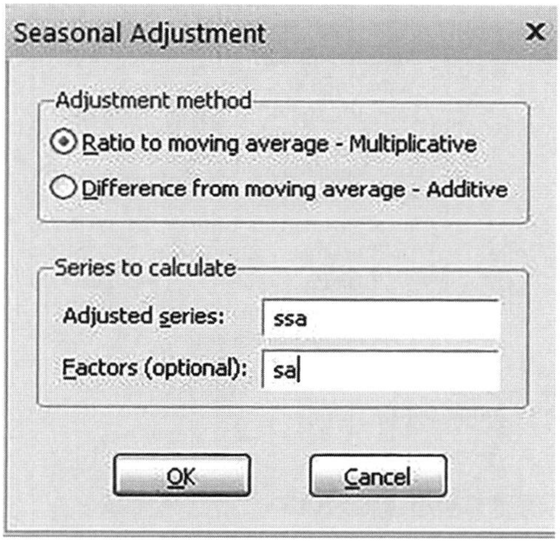

图 4-54　季节调整方法选择

Sample: 1993M01 2000M12
Included observations: 96
Ratio to Moving Average
Original Series: S
Adjusted Series: SSA

Scaling Factors:

1	1.047729
2	0.997587
3	0.962778
4	0.943209
5	0.947349
6	0.962394
7	0.932064
8	0.929475
9	0.985026
10	1.011190
11	1.051079
12	1.274102

图 4-55　12 个月的季节因子

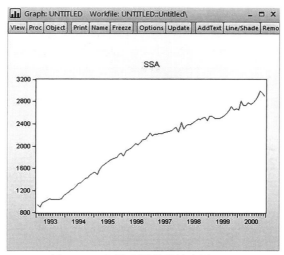

图 4-56　经季节调整后的序列 SSA

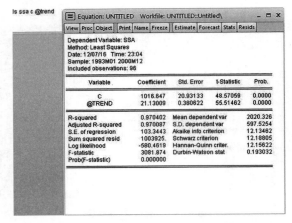

图 4-57 对经季节调整后序列进行趋势拟合

5. 趋势拟合

在命令行中输入 "ls ssa c @ trend" 得到如图 4-57 所示的拟合回归结果报告。分析回归结果可以看出 t 检验显著；拟合优度达 0.97，拟合效果很好。点击图 4-57 上的 "Forecast" 可以根据此模型进行预测，得到长期趋势值 ssaf 的预测序列，如图 4-58 所示。

将季节调整序列 ssa 与线性预测序列 ssaf 绘制在一个图形中（见图 4-59），具体方法与上例相同。可见，线性预测效果较好。

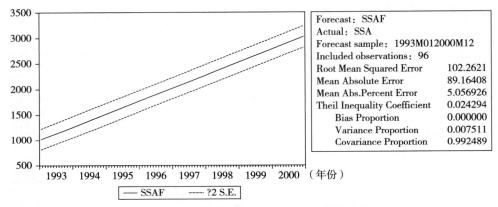

图 4-58 扩展时间区间后预测长期趋势值 SSAF

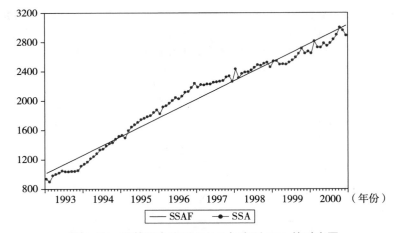

图 4-59 趋势拟合序列 SSAF 与序列 SSA 的时序图

6. 预测

利用拟合模型对序列进行短期预测，第 t 期的预测值为 $\hat{x}_t(l) = \hat{S}_{t+l}\hat{T}_{t+l}$。修改总区间到 2001 年 12 月，点击"Quick"菜单下的"Generate Series by Equation"得到如图 4-60 所示的对话框，在上面的输入框中输入"sf = ssaf* sa"，并在样本输入框中修改样本区间至 2001 年 12 月，即输入"1993M01 2001M12"，点击"OK"，生成如图 4-61 所示 2001 年 12 个月的社会消费品零售总额的预测值。将预测值序列 sf 和原序列 s 绘制在同一图形中，如图 4-62 所示，可见，确定性时序分析方法对该序列的拟合较好。

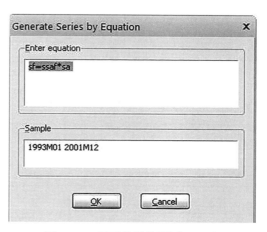

图 4-60 经季节调整预测 2001 年 12 个月的零售总额值

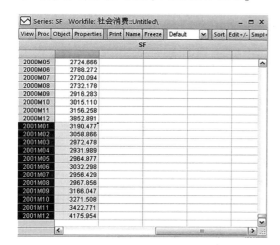

图 4-61 预测 2001 年 12 个月的零售总额值

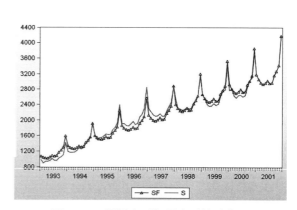

图 4-62 预测序列与原序列的时序图

【案例 4-7】 对 2013~2016 年中国民航客运周转量月度数据进行确定性时序分析，数据见表 4-7。

表 4-7 2013~2016 年中国民航客运周转量 单位：亿人公里

月份	2013	2014	2015	2016
1	419.09	505.38	545.17	655.15
2	451.48	511.26	585.76	674.63
3	461.25	493.44	607.41	661.20
4	451.05	501.40	580.01	667.72
5	448.45	496.59	577.43	656.30

月份	2013	2014	2015	2016
6	456.41	490.11	565.18	655.40
7	519.20	573.59	655.90	748.49
8	550.37	599.17	699.52	796.10
9	489.22	535.54	615.27	714.64
10	497.17	556.80	642.07	739.83
11	454.79	523.53	589.21	678.07
12	460.00	528.13	607.69	711.98

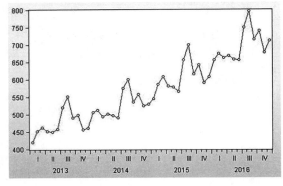

图 4-63 时序图

1. 绘制趋势图

根据前面的介绍，建立工作文件、录入数据并绘制趋势图，得到民航客运周转量的趋势图（见图 4-63），可以看出该序列中既有长期趋势又有季节波动。

2. 季节调整

对 x 序列进行季节调整，这里选择使用移动平均法，打开序列 "x"，点击 "Proc" 菜单，选择该菜单下 "Seasonal Adjustment" 的子菜单 "Moving Average Methods"，得到图 4-64 及如图 4-65 所示的对话框，选择 "Ratio to moving average-Multiplicative"，得到如图 4-66 所示的 12 个月的加法调整因子。对季节调整后的序列 "xsa" 做趋势图（见图 4-67），由图可见，季节调整后的序列具有明显的线性递增趋势，故可以考虑对 "xsa" 序列进行线性趋势拟合。

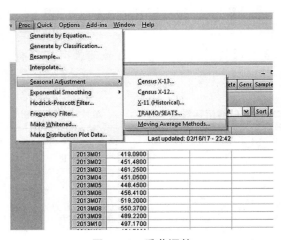

图 4-64 季节调整

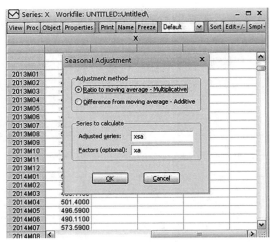

图 4-65 季节调整方法选择

Sample: 2013M01 2017M12
Included observations: 48
Ratio to Moving Average
Original Series: X
Adjusted Series: XSA

Scaling Factors:

1	0.994036
2	1.020216
3	1.002992
4	0.985031
5	0.964319
6	0.942491
7	1.087035
8	1.135602
9	0.997024
10	1.019318
11	0.932259
12	0.938944

图 4-66　12 个月的季节因子

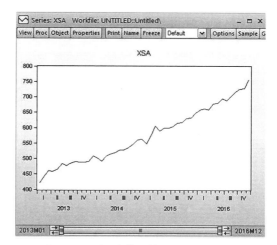

图 4-67　经季节调整后的序列 XSA

3. 趋势拟合

在命令行中输入"ls xsa c @trend"得到如图 4-68 所示的拟合回归报告。分析回归结果可以看出 t 检验显著，拟合优度达到 0.98，拟合效果很好。根据此模型进行预测，具体预测方法见上例。图 4-69 为长期趋势预测值 xsaf，将 xsaf 和 xsa 绘制在一个图形中进行对比，见图 4-70，具体方法与上例相同。

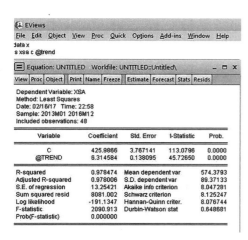

图 4-68　对经季节调整后序列进行趋势拟合

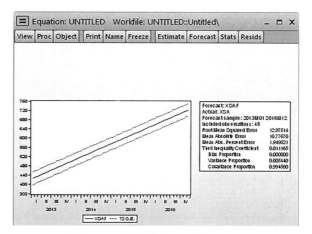

图 4-69　长期趋势预测值 XSAF

4. 预测

利用拟合模型对序列进行短期预测，第 t 期的预测值为 $\hat{x}_t(l) = \hat{S}_{t+l}\hat{T}_{t+l}$。扩展区间至 2017 年 12 月后，点击"Quick"菜单下的"Generate Series by Equation"得到如图 4-71 所示的对话框，在上面的输入框中输入"xf = xsaf * xa"，并将样本区间修改为"2013 M01 2017M12"，点击"OK"，生成如图 4-72 所示 2017 年 12 个月的民航客运周转量的预测值。

将预测值序列 xf 和原序列 x 绘制在同一图形中，如图 4-73 所示，可见，确定性时序分析方法对该序列的拟合效果较好。

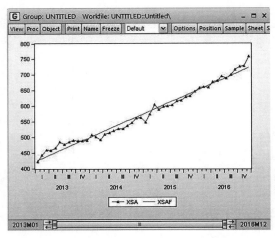

图 4-70　趋势拟合序列 XSAF 与季节
调整序列 XSA 的时序图

图 4-71　经季节调整预测 2007 年 12 个月的
民航客运周转量

图 4-72　预测 2017 年 12 个月的民航客运周转量

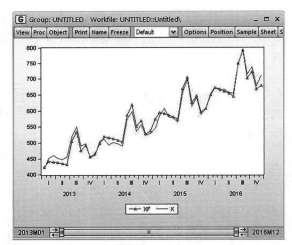

图 4-73　预测序列与原序列的时序图

4.5　练习案例

【练习 4-1】　对 2013 年 1 月~2016 年 12 月全国铁路客运周转量的数据进行季节调整，见表 4-8。

表 4-8　2013 年 1 月～2016 年 12 月全国铁路客运周转量　　单位：亿人公里

月份	2013	2014	2015	2016
1	1110.98	1073.23	813.64	1002.13
2	744.76	801.76	1043.74	1256.57
3	851.92	857.52	1148.83	975.38
4	815.61	901.14	960.59	998.06
5	759.10	848.96	936.55	954.56
6	911.64	961.73	926.88	993.99
7	1052.08	1161.47	1257.60	1289.95
8	1056.70	1188.49	1286.67	1351.31
9	929.71	1002.66	1028.49	1063.50
10	734.11	781.85	1004.34	1053.60
11	702.83	756.90	802.66	824.69
12	896.62	1269.03	750.61	815.54

【练习 4-2】　我国 2014～2016 年我国进出口总值月度数据如表 4-9 所示，选择适合的模型拟合该序列长期趋势。

表 4-9　2014～2016 年我国进出口总值月度数据　　单位：千美元

月份	2014	2015	2016
1	378016588	340484185	405413212
2	342863237	340484185	368848960
3	306969670	340484185	368327943
4	327018366	340484185	396411570
5	329135339	340484185	367095251
6	315056873	340484185	378481575
7	312459054	340484185	342012378
8	312143222	340484185	355024110
9	299958011	340484185	358628525
10	291769733	340484185	332512681
11	219697006	340484185	251176182
12	291084568	340484185	382394944

第 5 章

非平稳时间序列的随机分析

5.1　实验目的

通过本章内容的学习和实验，使学生理解并掌握时间序列的差分运算，并能根据实际情况灵活应用差分方法；理解并掌握 ARIMA 模型的结构、性质以及建模和预测原理，并能够利用 EViews8.0 软件实现 ARIMA 模型的建模；理解并掌握简单季节模型和乘积季节模型的结构，利用季节模型对序列进行拟合；掌握自回归模型的结构，并根据其原理进行序列拟合；理解异方差的性质，基本掌握条件异方差模型的结构及其拟合。

5.2　实验原理

对非平稳时间序列进行确定性分析，虽然简单直观，但有时对信息的提取不够充分，而非平稳时间序列的随机时序分析方法则克服了确定性因素分解法对信息提取不充分的缺点。随机时序分析方法包括对序列建立 ARIMA 模型、季节模型、残差自回归模型和条件异方差模型。本章主要介绍 ARIMA 模型的结构、性质、建模和预测。ARIMA 模型的建模思想是：先通过差分运算将非平稳时间序列转化为平稳序列，若差分后的序列为非白噪声序列，再对差分后的序列建立 ARMA 模型。虽然 ARIMA 模型对确定性信息的提取比较充分，但是模型形式很难解释。因此，当序列具有非常显著的确定性趋势或季节效应时，确定性因素分解方法对各种确定性效应的直观解释常被人们所怀念。为了解决确定性因素分解方法对信息提取不够充分的问题，人们构造了残差自回归模型。在 ARIMA 模型建模时，始终无法取得理想的拟合效果，主要原因在于残差序列具有异方差性，而条件异方差模型是广泛采用的异方差处理方法。

5.2.1　差分运算

5.2.1.1　差分运算的实质

取得序列观察值之后，无论是采取确定性分析方法还是随机性时序分析方法，分析的第一步都要运用有效的方法提取序列中所蕴含的确定性信息。

5.2.1.1.1　差分提取信息

Box 和 Jenkins 在 *Time series Analysis Forecasting and Control* 一书中，特别强调差分法的使用，他们使用了大量的案例，证明差分法是一种非常简便、有效的确定性信息提取方法。

根据 Cramer 分解定理，任意一个序列都可以分解为两部分，即：

$$x_t = \sum_{j=0}^{d} \beta_j t^j + \psi(B) a_t \tag{5-1}$$

因此离散序列的 d 阶差分（相当于对连续型变量进行 d 阶求导）就可以充分提取 $\{x_t\}$ 序列中蕴含的全部确定性信息，即：

$$\nabla^d \sum_{j=0}^{d} \beta_j t^j = c \ （c \ 为常数） \tag{5-2}$$

5.2.1.1.2　差分运算的实质

将一阶差分展开：

$$\nabla x_t = x_t - x_{t-1}$$

等价于：

$$x_t = \nabla x_t + x_{t-1} \tag{5-3}$$

可见，一阶差分实质上是一个一阶自回归过程，用延迟一期的历史数据 $\{x_{t-1}\}$ 作为自变量来解释当前序列值 $\{x_t\}$ 的变化状况。差分序列 $\{\nabla x_t\}$ 度量随机误差的大小。

展开任意一个 d 阶差分：

$$\nabla^d x_t = (1 - B)^d x_t = \sum_{i=0}^{d} (-1)^i C_d^i x_{t-i}$$

即：

$$x_t = \sum_{i=1}^{d} (-1)^{i+1} C_d^i x_{t-i} + \nabla^d x_t \tag{5-4}$$

由此可知，差分运算的实质是使用自回归的方式提取确定性信息。

5.2.1.2　差分方式的选择

实际应用中，需要根据序列所具有的不同趋势特点选择合适的差分方式：

（1）当序列蕴含显著的线性趋势时，通常利用一阶差分提取线性趋势，从而实现趋势平稳。

（2）当序列蕴含曲线趋势时，一般运用低阶（二阶或三阶）差分提取曲线趋势。

（3）当序列蕴含固定周期时，一般进行步长为周期长度的差分运算，通常可以较好地提取周期信息。

5.2.1.3　过差分

从理论上而言，足够次数的差分运算可以充分提取序列中的非平稳确定性信息，但是差分运算是一种对信息的提取加工过程，每次差分都会有信息损失。所以在实际应用中，差分的阶数要适当，应当避免过度的差分，即过差分。

假定线性非平稳序列形如：

$$x_t = \beta_0 + \beta_1 t + a_t \tag{5-5}$$

式中，$E(a_t) = 0$，$Var(a_t) = \sigma^2$，$Cov(a_t, a_{t-1}) = 0$，$\forall t \geqslant 1$

对 x_t 做一阶差分：

$$\nabla x_t = \beta_1 + a_t - a_{t-1}$$

差分后的序列 $\{\nabla x_t\}$ 在常数附近做随机波动，因此，认为 $\{\nabla x_t\}$ 序列平稳。说明一阶差分运算充分地提取了原序列中的非平稳确定性信息。

如果对一阶差分后的序列 $\{\nabla x_t\}$ 再做一次差分：

$$\nabla^2 x_t = a_t - 2a_{t-1} + a_{t-2}$$

二阶差分后的序列也是平稳序列。

现在，分别计算一阶差分序列 $\{\nabla x_t\}$ 和二阶差分序列 $\{\nabla^2 x_t\}$ 的方差：

$$Var(\nabla x_t) = Var(a_t - a_{t-1}) = 2\sigma^2$$

$$Var(\nabla^2 x_t) = Var(a_t - 2a_{t-1} + a_{t-2}) = 6\sigma^2$$

可见，二阶差分序列的方差大于一阶差分序列的方差，此时，二阶差分就属于过差分。过差分实际上是差分次数过多导致有效信息被浪费从而降低了估计的精度。因此，在实际应用中，应尽量避免过差分，从而最大可能地保证估计精度。

5.2.2　ARIMA 模型

差分运算能够有效地提取确定性信息。因此，很多非平稳序列经过差分运算后均会变为平稳序列，这种差分后平稳的序列可以用 ARIMA 模型进行拟合。

5.2.2.1　ARIMA 模型的结构

所谓 *ARIMA* 模型（求和自回归移动平均模型），简记为 *ARIMA*(p, d, q) 模型，是指将非平稳时间序列经过差分运算转化为平稳时间序列后，再拟合 *ARMA* 模型。*ARIMA* 模型结构为：

$$\begin{cases} \Phi(B) \nabla^d x_t = \Theta(B) \varepsilon_t \\ E(\varepsilon_t) = 0, \ Var(\varepsilon_t) = \sigma_\varepsilon^2, \ E(\varepsilon_t \varepsilon_s) = 0, \ s \neq t \\ Ex_s \varepsilon_t = 0, \ \forall s < t \end{cases} \tag{5-6}$$

式中，$\nabla^d = (1 - B)^d$，$\Phi(B) = 1 - \phi_1 B - \cdots - \phi_p B^p$ 为平稳可逆 *ARMA*(p, q) 模型的自回归系数多项式，$\Theta(B) = 1 - \theta_1 B - \cdots - \theta_q B^q$ 为平稳可逆 *ARMA*(p, q) 模型的移动平均系数多项式。

ARIMA 模型结构可以简记为：

$$\nabla^d x_t = \frac{\Theta(B)}{\Phi(B)} \varepsilon_t \tag{5-7}$$

式中，$\{\varepsilon_t\}$ 为零均值白噪声序列。

通过 ARIMA 模型的简化结构可以看出，ARIMA 模型的实质就是差分运算和 ARMA 模型的结合。任何一个非平稳时间序列，如果可以通过适当阶数的差分运算实现平稳，就可以对差分平稳序列进行 ARMA 模型的拟合了。

ARIMA 模型根据原序列是否平稳以及模型形式的不同，分为移动平均过程（MA）、自回归过程（AR）、自回归移动平均过程（ARMA）以及 ARIMA 过程。特别地：

当 $d = 0$ 时，$ARIMA(p, d, q)$ 模型实际上就是 $ARMA(p, q)$ 模型。

当 $p = 0$ 时，$ARIMA(p, d, q)$ 模型即为 $IMA(d, q)$ 模型。

当 $q = 0$ 时，$ARIMA(p, d, q)$ 模型即为 $ARI(p, d)$ 模型。

当 $d = 1$，$q = p = 0$ 时，$ARIMA(p, d, q)$ 就是随机游走模型（random walk model），模型结构为：

$$\begin{cases} x_t = x_{t-1} + \varepsilon_t \\ E(\varepsilon_t) = 0, \ Var(\varepsilon_t) = \sigma_\varepsilon^2, \ E(\varepsilon_t \varepsilon_s) = 0, \ s \neq t \\ Ex_s \varepsilon_t = 0, \ \forall s < t \end{cases} \tag{5-8}$$

随机游走模型产生的典故：1905 年，Karl Pearson 在《自然》杂志上提问，假如有个醉汉醉得非常严重，完全丧失方向感，把他放在荒郊野外，一段时间之后再去找他，在什么地方找到他的概率最大呢？

考虑到这个醉汉完全丧失方向感，那么他第 t 步的位置就是他第 t-1 步的位置再加上一个完全随机的位移。用数学模型来描述任意时刻这个醉汉可能的位置，即为一个随机游走模型。

5.2.2.2 ARIMA 模型的性质

5.2.2.2.1 非平稳性

假如 $\{x_t\}$ 可用 $ARIMA(p, d, q)$ 模型拟合，即 $\Phi(B) \nabla^d x_t = \Theta(B) \varepsilon_t$，记 $\varphi(B) = \Phi(B) \nabla^d x_t$，称为广义自回归系数多项式，则 $\varphi(B) = \Theta(B) \varepsilon_t$。显然，$ARIMA(p, d, q)$ 模型的平稳性由 $\varphi(B) = 0$ 的根的性质决定。

由于 $\{x_t\}$ 差分后平稳，可用 $ARMA(p, q)$ 模型拟合，不妨假设 $\Phi(B) = \prod_{i=1}^{p}(1 - \lambda_i B)$，则 $\varphi(B) = \left[\prod_{i=1}^{p}(1 - \lambda_i B)\right](1 - B)^d$。因此，可以判断广义自回归系数多项式 $\varphi(B) = 0$ 共有 $p + d$ 个根，其中，p 个根在单位圆外（因为 $\nabla^d x_t$ 平稳），d 个根在单位圆上。因此，当 $d \neq 0$ 时，$ARIMA(p, d, q)$ 模型非平稳。

5.2.2.2.2 方差非齐性

由相关理论可以证明，$d \neq 0$ 时，$ARIMA(p, d, q)$ 模型方差非齐性。以随机游走

$ARIMA(0，1，0)$ 模型为例证明其方差的非齐性：

$$Var(x_t) = Var(x_0 + \varepsilon_t + \varepsilon_{t-1} + \cdots + \varepsilon_1) = t\sigma_\varepsilon^2 \tag{5-9}$$

但 d 阶差分后，差分序列方差齐性，如对 $ARIMA(0，1，0)$ 模型取 1 阶差分并求方差：

$$Var(\nabla x_t) = Var(\varepsilon_t) = \sigma_\varepsilon^2 \tag{5-10}$$

5.2.2.3 ARIMA 模型建模

由于 $ARIMA$ 模型是差分运算和 $ARMA$ 模型的结合，因此，ARIMA 模型建模步骤可以分如下几步：

（1）平稳化：时间序列分析的第一步是获得观察值序列，然后对这个序列进行平稳性检验，如果是非平稳的，则首先需要使其平稳化，通常选择合适的差分运算即可使其平稳化。

（2）纯随机性检验：对经过差分后平稳的序列进行纯随机性检验，如果是纯随机序列，分析结束；如果不是纯随机序列，选择模型拟合该平稳非白噪声序列。

（3）模型定阶：根据平稳非白噪声序列的自相关图和偏自相关图进行模型定阶。

（4）参数估计：选择一定的方法估计模型中的参数。

（5）模型检验：对模型进行参数的显著性检验和模型的有效性检验。

（6）模型优化：在通过检验的模型中选择相对最优模型。

（7）模型预测：利用相对最优模型对序列未来值进行预测。

5.2.2.4 ARIMA 模型预测

在模型拟合好之后，就可以利用模型进行预测。$ARIMA$ 模型的预测原理为最小均方误差预测。在该原理下，ARIMA 模型和 ARMA 模型的预测方法相似。

ARIMA 模型也可以用随机扰动项的线性函数表示出来：

$$x_t = \varepsilon_t + \Psi_1\varepsilon_{t-1} + \Psi_2\varepsilon_{t-2} + \cdots = \Psi(B)\varepsilon_t \tag{5-11}$$

式中 $\Psi(B)$ 的值由如下等式确定：

$$\Phi(B)(1 - B)^d\Psi(B) = \Theta(B) \tag{5-12}$$

把 $\Phi^*(B) = \Phi(B)(1 - B)^d$ 记为广义自相关函数。根据相关理论，可以得到：

$$\begin{cases} \psi_1 = \phi_1 - \theta_1 \\ \psi_2 = \phi_1\psi_1 + \phi_2 - \theta_2 \\ \vdots \\ \psi_j = \phi_1\psi_{j-1} + \cdots + \phi_{p+d}\psi_{j-p-d} - \theta_j \end{cases} \tag{5-13}$$

式中，$\Psi_j = \begin{cases} 0, & j < 0 \\ 1, & j = 0 \end{cases}$，$\theta_j = 0, j > q$

使用最小均方误差原理，得到第 l 期预测值的表达式为：

$$\hat{x}_t(l) = \Psi_l\varepsilon_t + \Psi_{l+1}\varepsilon_{t-1} + \Psi_{l+2}\varepsilon_{t-2} + \cdots \tag{5-14}$$

第 l 期预测误差 $e_t(l)$ 的方差为:

$$Var[e_t(l)] = (1 + \Psi_1^2 + \cdots + \Psi_{l-1}^2)\sigma_\varepsilon^2 \qquad (5-15)$$

在正态假定条件下,预测值在置信水平 $1 - \alpha$ 的置信区间为:

$$\hat{x}_t(\iota) - z_{1-\alpha} \cdot (1 + \Psi_1^2 + \cdots + \Psi_{l-1}^2)^{\frac{1}{2}}\sigma_\varepsilon^2, \ \hat{x}_t(\iota) + z_{1-\alpha} \cdot (1 + \Psi_1^2 + \cdots + \Psi_{l-1}^2)^{\frac{1}{2}}\sigma_\varepsilon^2$$

5.2.2.5　疏系数模型

$ARIMA(p, d, q)$ 模型是指 d 阶差分后自回归部分最高阶数为 p、移动平均部分最高阶数为 q 的模型,通常它包含 $p + d$ 个独立的未知系数:$\phi_1, \cdots, \phi_p, \theta_1, \cdots, \theta_q$。

如果该模型中有部分自回归系数 $\phi_j(1 \leq j < p)$ 或部分移动平均系数 $\theta_k(1 \leq k < q)$ 为零,即原模型中有部分系数省缺了,那么,该模型称为疏系数模型。

如果只是自回归部分有省缺系数,那么,疏系数模型可表示为:

$$ARIMA((p_1, \cdots, p_m), d, q)$$

式中,$p_1, \cdots, p_m$ 为非零自相关系数的阶数。

如果只是移动平均部分有省缺系数,那么,疏系数模型可表示为:

$$ARIMA(p, d, (q_1, \cdots, q_n))$$

式中,$q_1, \cdots, q_n$ 为非零移动平均系数的阶数。

如果自回归和移动平均部分都有省缺,那么,疏系数模型可表示为:

$$ARIMA((p_1, \cdots, p_m), d, (q_1, \cdots, q_n))$$

5.2.2.6　季节模型

对于具有季节效应的序列,使用 ARIMA 模型也可以对其进行建模分析。根据季节效应提取的难易程度,可以分为简单季节模型和乘积季节模型。

5.2.2.6.1　简单季节模型

简单季节模型假定序列值受季节效应、长期趋势和随机效应的影响,而且各效应之间是加法关系,即:

$$x_t = S_t + T_t + I_t \qquad (5-16)$$

这时,各种效应信息的提取都非常容易。先对序列进行低阶差分,以提取出长期趋势,再对序列做以周期为步长的差分提取出季节趋势,剩余的残差序列如果是平稳的,则利用 ARMA 模型拟合该残差序列。

因此,简单季节模型通过简单的趋势差分、季节差分之后即可转化为平稳序列,模型结构通常如下:

$$\nabla_D \nabla^d x_t = \frac{\Theta(B)}{\Phi(B)}\varepsilon_t \qquad (5-17)$$

式中,D 为周期步长,d 为提取趋势信息所用的差分阶数,$\{\varepsilon_t\}$ 为白噪声序列,$\Phi(B)$ 和 $\Theta(B)$ 分别为 p 阶自回归系数多项式和 q 阶移动平均系数多项式。

5.2.2.6.2　乘积季节模型

当序列的季节效应、长期趋势效应和随机波动之间有着复杂的交互影响关系时，简单的 ARIMA 模型并不足以提取其中的相关关系，这时通常需要采用乘积季节模型。

乘积季节模型的构造原理为：当序列具有短期相关性时，通常用低阶 ARMA（p，q）模型提取；当序列具有季节相关性时，季节效应本身还具有相关性，季节效应可以用以周期步长 S 为单位的 ARMA（P，Q）模型提取。

由于短期相关性和季节效应之间具有乘积关系，所以拟合模型实质上为 ARMA（p，q）模型和 ARMA（P，Q）模型的乘积。综合 d 阶趋势差分和 D 阶以周期 S 为步长的季节差分运算，对原观察值序列拟合的乘积模型的结构如下：

$$\nabla^d \nabla_S^D x_t = \frac{\Theta(B)}{\Phi(B)} \frac{\Theta_S(B)}{\Phi_S(B)} \varepsilon_t \tag{5-18}$$

式中，$\Theta(B) = 1 - \theta_1 B - \cdots - \theta_q B^q$，$\Phi(B) = 1 - \varphi_1 B - \cdots - \varphi_p B^p$，$\Theta_S(B) = 1 - \theta_1 B^S - \cdots - \theta_Q B^{QS}$，$\Phi_S(B) = 1 - \varphi_1 B^S - \cdots - \varphi_P B^{PS}$，该乘积模型简记为：ARIMA(p，d，q) × ARIMA（P，D，Q）$_S$。

5.2.3　残差自回归模型

ARIMA 模型首先采用差分运算提取确定性信息，且提取信息比较充分，但却很难对模型进行直观解释。因此，当序列具有非常显著的确定性趋势或季节效应时，确定性因素分解方法由于其对各种确定性效应的直观解释而备受人们关注，但又因为对残差信息的浪费而不敢轻易使用。为了解决该问题，需构造残差自回归模型。

5.2.3.1　模型结构

残差自回归模型的构造思想是首先通过确定性因素分解方法提取序列中主要的确定性信息，即：

$$x_t = T_t + S_t + \varepsilon_t$$

由于确定性因素分解方法对确定性信息的提取可能不够充分，因而需要进一步检验残差序列的纯随机性。如果检验结果显示残差序列为纯随机序列，说明确定性因素分解法对信息的提取比较充分，分析可以停止；如果检验结果显示残差序列为非纯随机序列，说明确定性因素分解法对信息的提取不够充分。此时，可以考虑对残差序列拟合自回归模型，以便充分提取相关信息，即：

$$\varepsilon_t = \phi_1 \varepsilon_{t-1} + \cdots + \phi_p \varepsilon_{t-p} + a_t \tag{5-19}$$

基于以上分析，残差自回归模型的结果如下：

$$\begin{cases} x_t = T_t + S_t + \varepsilon_t \\ \varepsilon_t = \phi_1 \varepsilon_{t-1} + \cdots + \phi_p \varepsilon_{t-p} + a_t \\ E(a_t) = 0,\ Var(a_t) = \sigma^2,\ Cov(a_t,\ a_{t-i}) = 0,\ \forall i \geqslant 1 \end{cases} \tag{5-20}$$

5.2.3.1.1　趋势效应的常用拟合方法

在实际应用中，对趋势效应的常用拟合方法有两种：

（1）自变量为时间 t 的幂函数

$$T_t = \beta_0 + \beta_1 \cdot t + \cdots + \beta_k \cdot t^k + \varepsilon_t \tag{5-21}$$

（2）自变量为历史观察值

$$T_t = \beta_0 + \beta_1 \cdot x_{t-1} + \cdots + \beta_k \cdot x_{t-k} + \varepsilon_t \tag{5-22}$$

5.2.3.1.2　季节效应的常用拟合方法

对季节效应的常用拟合方法也有两种：

（1）给定季节指数

$$S_t = S'_t \tag{5-23}$$

（2）建立季节自回归模型

$$S_t = \alpha_0 + \alpha_1 \cdot x_{t-m} + \cdots + \alpha_\iota \cdot x_{t-\iota m} \tag{5-24}$$

5.2.3.2　残差自相关检验

5.2.3.2.1　检验原理

确定性模型拟合好之后，要对模型的拟合效果进行检验。

如果残差序列显示出纯随机的性质，即：

$$E(\varepsilon_t, \varepsilon_{t-j}) = 0, \quad \forall j \geq 1$$

说明回归模型拟合较好，已经能够充分提取序列中的信息，无须再对残差序列进行二次信息提取，分析结束。

如果回归模型拟合不好，残差序列显示出显著的非纯随机性，即：

$$E(\varepsilon_t, \varepsilon_{t-j}) \neq 0, \quad \exists j \geq 1$$

说明序列的相关信息没有得到充分提取，需要对残差序列进行再次拟合，以充分提取其中残留的相关信息，提高模型的拟合精度。

5.2.3.2.2　Durbin-Waston 检验

Durbin-Waston 简称 DW 检验，是 J. Durbin 和 G. S. Watson 于 1950 年在考虑多元回归模型的残差独立性时提出的一个相关性检验统计量。此处运用该方法进行时间序列残差自相关检验。DW 检验原理如下：

原假设 H_0：残差序列不存在一阶自相关性，即：

$$H_0: E(\varepsilon_t, \varepsilon_{t-1}) = 0 \Leftrightarrow H_0: \rho = 0$$

备择假设 H_1：残差序列存在一阶自相关性，即：

$$H_0: E(\varepsilon_t, \varepsilon_{t-1}) \neq 0 \Leftrightarrow H_0: \rho \neq 0$$

构造检验统计量：

$$DW = \frac{\sum\limits_{t=2}^{n} (\varepsilon_t - \varepsilon_{t-1})^2}{\sum\limits_{t=1}^{n} \varepsilon_t^2} \approx 2(1 - \rho) \tag{5-25}$$

因为自相关系数 ρ 的值介于-1 和 1 之间，所以，$0 \leq DW \leq 4$，当 DW 值显著地接近于 0 或者 4 时，存在序列相关性；而接近于 2 时，则不存在序列相关性。这样，只要知道 DW 统计量的概率分布，在给定的显著性水平下，根据临界值的位置就可以对原假设 H_0 进行检验。但是 DW 统计量的概率分布很难确定，作为一种变通的处理方法，Durbin 和 Waston 在 5% 和 1% 的显著水平下，确定了上限临界值 d_U 和下限临界值 d_L，具体的判别规则为：

（1）当 $0 \leq DW \leq d_L$ 时，拒绝 H_0，表明残差序列之间存在正的序列相关；

（2）当 $4 - d_L \leq DW \leq 4$ 时，拒绝 H_0，表明残差序列之间存在负的序列相关；

（3）当 $d_U \leq DW \leq 4 - d_U$ 时，不拒绝 H_0，即认为残差序列之间不存在序列相关性；

（4）当 $d_L < DW < d_U$ 或 $4 - d_U < DW < 4 - d_L$ 时，不能判定是否存在序列相关性。

5.2.3.2.3　Durbin h 检验

当回归因子包含延迟因变量时，残差序列的 DW 统计量是一个有偏统计量，在这种场合下使用 DW 统计量容易产生残差序列正自相关性不显著的误判。

基于这个原因，在 ARIMA 模型中，一般使用 Q 统计量和 LB 统计量对残差序列的自相关性进行检验。

为了克服 DW 统计量的有偏性，Durbin 在 1970 年对 DW 统计量进行修正，提出了两个统计量：Durbin t 统计量和 Durbin h 统计量，这两个统计量渐进等价，Durbin h 统计量为：

$$Dh = DW \cdot \frac{n}{1 - n\sigma_\beta^2} \tag{5-26}$$

式中，n 为观察值序列长度，σ_β^2 为延迟因变量系数的最小二乘估计方差。

Durbin t 统计量和 Durbin h 统计量有效地提高了检验的精度，因而代替了 DW 检验统计量，成为延迟因变量场合常用的自相关检验统计量。

5.2.4　异方差的性质

1982 年，Engle 在分析英国通货膨胀率序列时，发现经典的 ARIMA 模型始终无法取得理想的拟合效果，为什么会这样呢？经过对残差序列的仔细研究，发现问题出现在残差序列具有异方差性。

5.2.4.1　异方差的影响

使用 ARIMA 模型拟合非平稳序列时，残差序列需满足：零均值、纯随机和方差齐性。

如果方差齐性不成立，它会随着时间的变化而变化，这种情况被称作异方差，方差可以表示为时间的某个函数：

$$Var(\varepsilon_t) = h(t) \tag{5-27}$$

忽视异方差的存在会导致残差的方差被严重低估，进而参数显著性检验容易犯纳伪错误，这使参数的显著性检验失去意义，最终导致模型的拟合精度受影响。因此，为了提高模型的拟合精度，需要对残差序列进行方差齐性检验，并且对异方差序列进行深入分析。

5.2.4.2　异方差的直观诊断

5.2.4.2.1　残差图

当残差序列方差齐性时，它应该在一个边界与均值的距离几乎相等的空间随机波动，不带任何趋势（见图 5-1）。否则，就显示出异方差的性质（见图 5-2）。

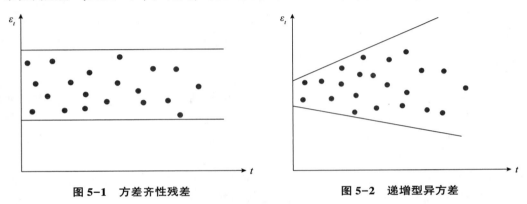

图 5-1　方差齐性残差　　　　　　图 5-2　递增型异方差

5.2.4.2.2　残差平方图

由于残差序列的方差实际上就是它平方的期望，即：

$$Var(\varepsilon_t) = E(\varepsilon_t^2)$$

因此，残差序列是否方差齐性，主要考察 ε_t^2 的性质，可以借助残差平方图（ε_t^2 关于 t 变化的二维坐标图）对残差序列的方差齐性进行直观判断。

和残差图的判断原则一样，假设方差齐性满足的话，有：

$$E(\varepsilon_t^2) = \sigma_\varepsilon^2$$

这意味着，ε_t^2 应该在某个常数值 σ_ε^2 附近随机波动，它不应该具有任何明显的趋势，否则，就呈现出异方差性。

5.2.5　方差齐性变换

5.2.5.1　使用场合

假设序列显示出显著的异方差性，且方差 σ_t^2 与均值 μ_t 之间具有某种函数关系，即：

$$\sigma_t^2 = h(\mu_t) \tag{5-28}$$

式中，$h(\cdot)$ 是某个已知函数。

在这种场合下，尝试寻找一个转换函数 $g(\cdot)$，使经转换后的变量 $g(x_t)$ 满足方差齐性，即：

$$Var[g(x_t)] = \sigma^2 \tag{5-29}$$

5.2.5.2　转换函数的确定

将转换函数 $g(x_t)$ 在 μ_t 附近作一阶泰勒展开，则：

$$g(x_t) \cong g(\mu_t) + (x_t - \mu_t)g'(\mu_t) \tag{5-30}$$

转换函数的方差为：

$$\begin{aligned} Var[g(x_t)] &\cong Var[g(\mu_t) + (x_t - \mu_t)g'(\mu_t)] \\ &= [g'(\mu_t)]^2 h(\mu_t) \end{aligned} \tag{5-31}$$

显然，要使 $Var[g(x_t)]$ 等于常数，转换函数的导数 $g'(\cdot)$ 必须与 $\sqrt{h(\cdot)}$ 具有倒数函数关系，即：

$$g'(\mu_t) = \frac{1}{\sqrt{h(\mu_t)}} \tag{5-32}$$

在实际问题中，许多金融时间序列都呈现出异方差的性质，而且通常序列的标准差与某水平之间具有某种正比关系，即序列的水平低时，序列的波动范围小；序列的水平高时，序列的波动范围大。对于这样异方差的性质，最简单的假定为：

$$\sigma_t = \mu_t \Leftrightarrow h(\mu_t) = \mu_t^2$$

要使原序列经过适当转换后方差齐性，就必须满足：

$$g'(\mu_t) = \frac{1}{\sqrt{h(\mu_t)}} = \frac{1}{\mu_t} \Rightarrow g(\mu_t) = \log(\mu_t)$$

这意味着，对于标准差与水平成正比关系的异方差序列，对数变化可以有效地实现方差齐性。

5.3　教 学 案 例

5.3.1　差分运算

5.3.1.1　线性趋势的平稳化

【案例 5-1】　检验 1964～1999 年中国纱年产量序列的平稳性。

表 5-1   1964~1999 年中国纱年产量序列   单位：万吨

年份	纱产量	年份	纱产量	年份	纱产量
1964	97.0	1976	196.0	1988	465.7
1965	130.0	1977	223.0	1989	476.7
1966	156.5	1978	238.2	1990	462.6
1967	135.2	1979	263.5	1991	460.8
1968	137.7	1980	292.6	1992	501.8
1969	180.5	1981	317.0	1993	501.5
1970	205.2	1982	335.4	1994	489.5
1971	190.0	1983	327.0	1995	542.3
1972	188.6	1984	321.9	1996	512.2
1973	196.7	1985	353.5	1997	559.8
1974	180.3	1986	397.8	1998	542.0
1975	210.8	1987	436.8	1999	567.0

根据其时序图 5-3 可知，该序列非平稳，并且表现出一个近似线性的长期趋势，现对该序列进行一阶差分运算，如图 5-4 所示。

由图 5-4 可知，一阶差分运算成功地从原序列中提取了线性趋势，差分后的序列呈现出非常平稳的随机波动。

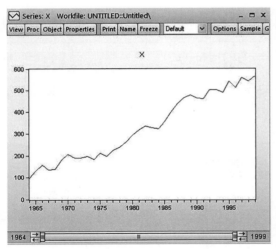

图 5-3   中国纱年产量序列时序图

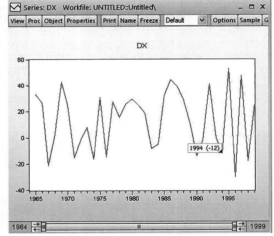

图 5-4   中国纱年产量一阶差分序列时序图

5.3.1.2   曲线趋势的平稳化

【**案例 5-2**】   尝试提取 1950~1999 年北京市民用车辆拥有量序列（数据见表 5-2）

的确定性信息。

表 5-2　1950~1999 年北京市民用车辆拥有量　　　　　　　　　　　　单位：万辆

年份	车辆拥有量	年份	车辆拥有量	年份	车辆拥有量	年份	车辆拥有量
1950	5.43	1963	26.13	1976	106.70	1989	511.32
1951	6.19	1964	27.61	1977	119.93	1990	551.36
1952	6.63	1965	29.95	1978	135.84	1991	606.11
1953	7.18	1966	33.92	1979	155.49	1992	691.74
1954	8.95	1967	33.21	1980	178.29	1993	817.58
1955	10.14	1968	34.80	1981	199.14	1994	941.95
1956	11.74	1969	37.16	1982	215.75	1995	1040.00
1957	12.60	1970	42.41	1983	232.63	1996	1100.08
1958	17.26	1971	49.44	1984	260.41	1997	1219.09
1959	21.07	1972	57.74	1985	321.12	1998	1319.30
1960	22.38	1973	67.27	1986	361.95	1999	1452.94
1961	24.00	1974	78.57	1987	408.07		
1962	24.80	1975	91.71	1988	464.38		

从 1950~1999 年北京市民用车辆拥有量序列的时序图（见图 5-5）中可以明显地看出该序列蕴含着曲线递增的长期趋势。因此，首先对该序列进行一阶差分运算，一阶差分后序列的时序图见图 5-6。

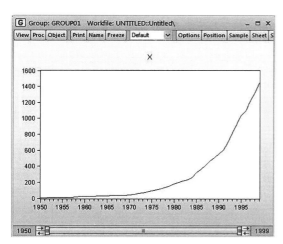

图 5-5　1950~1999 年北京市民用车辆拥有量时序图

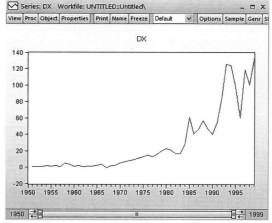

图 5-6　1950~1999 年北京市民用车辆拥有量一阶差分序列时序图

图 5-6 显示，一阶差分运算提取了原序列的部分长期趋势，但仍然存在长期趋势。因此，一阶差分运算提取曲线趋势不够充分，需要继续进行差分。二阶差分后序列的时序图见图 5-7。

图 5-7 显示，二阶差分序列在常数"0"附近随机波动。可见，二阶差分比较充分地

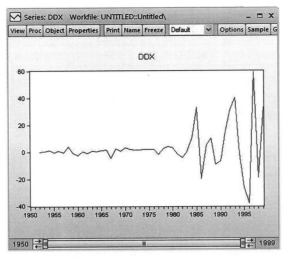

图5-7　1950~1999年北京市民用车辆拥有量二阶差分序列时序图

提取了原序列中蕴含的长期趋势，差分后序列平稳。

5.3.1.3　蕴含固定周期序列的平稳化

【案例5-3】　差分运算提取1962年1月~1975年12月平均每头奶牛月产奶量序列中的确定性信息，原始数据见表5-3。

表5-3　1962年1月~1975年12月平均每头奶牛的月产奶量　　单位：磅

589	561	640	656	727	697	640	599	568	577
553	582	600	566	653	673	742	716	660	617
583	587	565	598	628	618	688	705	770	736
678	639	604	611	594	634	658	622	709	722
782	756	702	653	615	621	602	635	677	635
736	755	811	798	735	697	661	667	645	688
713	667	762	784	837	817	767	722	681	687
660	698	717	696	775	796	858	826	783	740
701	706	677	711	734	690	785	805	871	845
801	764	725	723	690	734	750	707	807	824
886	859	819	783	740	747	711	751	804	756
860	878	942	913	869	834	790	800	763	800
826	799	890	900	961	935	894	855	809	810
766	805	821	773	883	898	957	924	881	837
784	791	760	802	828	778	889	902	969	947
908	867	815	812	773	813	834	782	892	903

| 966 | 937 | 896 | 858 | 817 | 827 | 797 | 843 | | |

为了考察 1962 年 1 月~1975 年 12 月平均每头奶牛月产奶量序列的平稳性，需要绘制该序列的时序图，见图 5-8。

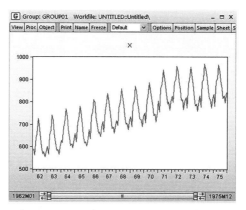

图 5-8 1962 年 1 月~1975 年 12 月平均每头奶牛的月产奶量时序图

图 5-8 显示，该序列蕴含着一个长期线性递增趋势和一个周期长度为 12 个月的季节变动趋势。为了使该序列转化为平稳序列，对该序列先进行一阶差分，一阶差分序列见图 5-9。

图 5-9 显示，一阶差分运算提取了原序列的长期递增趋势。但是，差分后的序列还具有季节波动和随机波动。因此，继续对一阶差分序列进行 12 步差分，提取季节波动信息。

12 步差分序列时序图见图 5-10。由图可见，12 步差分很好地提取了周期变化趋势。因此，一阶 12 步差分充分提取了原序列中蕴含的长期趋势和季节效应，差分后的序列呈现典型的随机波动特征。

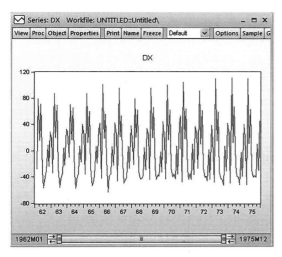

**图 5-9 每头奶牛的月产奶量
一阶差分序列时序图**

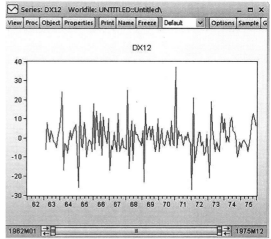

**图 5-10 每头奶牛的月产奶量
一阶 12 步差分序列时序图**

5.3.2 · ARIMA 模型建模

5.3.2.1 ARIMA 模型建模

【**案例 5-4**】 对 1952~1988 年中国农业实际国民收入指数序列建模。

1. 获取观察值序列

获取 1952~1988 年中国农业实际国民收入指数序列。

表 5-4　1952~1988 年中国农业实际国民收入指数

年份	农业实际国民收入指数	年份	农业实际国民收入指数	年份	农业实际国民收入指数	年份	农业实际国民收入指数
1952	100.0	1962	88.7	1972	140.5	1982	201.6
1953	101.6	1963	98.9	1973	153.1	1983	218.7
1954	103.3	1964	111.9	1974	159.2	1984	247.0
1955	111.5	1965	122.9	1975	162.3	1985	253.7
1956	116.5	1966	131.9	1976	159.1	1986	261.4
1957	120.1	1967	134.2	1977	155.1	1987	273.2
1958	120.3	1968	131.6	1978	161.2	1988	279.4
1959	100.6	1969	132.2	1979	171.5		
1960	83.6	1970	139.8	1980	168.4		
1961	84.7	1971	142.0	1981	180.4		

2. 平稳性检验

打开序列对象 "Series：X"，依次单击 "View/Graph"，在弹出的 "Graph Options" 窗口中选择线形图 "Line & Symbol"，点击 "OK" 后即得到序列 X 的时间序列图，如图 5-11 所示。

图 5-11 显示，该序列蕴含着显著的线性递增趋势，因此，可判断该序列为非平稳时间序列，需要对该序列进行一阶差分运算，差分后序列 $\{\nabla x_t\}$ 时序图见图 5-12。

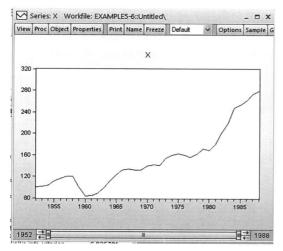

图 5-11　1952~1988 年中国农业实际
国民收入指数时序图

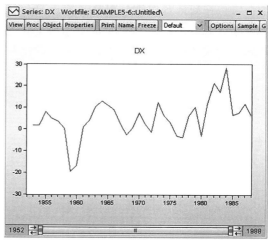

图 5-12　1952~1988 年中国农业实际
国民收入指数一阶差分序列时序图

图 5-12 显示，一阶差分序列 $\{\nabla x_t\}$ 在均值附近随机波动，而且波动比较稳定，基本可以认定一阶差分序列 $\{\nabla x_t\}$ 平稳。

3. 绘制该序列的自相关图和偏自相关图

在工作文件中，打开一阶差分序列，点击 "View/Correlogram"，弹出 $\{\nabla x_t\}$ 序列的样本自相关图和偏自相关图，见图 5-13。

由图 5-13 可见，序列有很强的短期相关性，也可以初步认定 $\{\nabla x_t\}$ 序列平稳。

4. 白噪声检验

根据图 5-13 中的自相关系数（AC 列），计算用于纯随机性检验的 LB 统计量如图中 "Q-Stat" 列所示，右侧 "Prob" 列为检验统计量的 P 值。

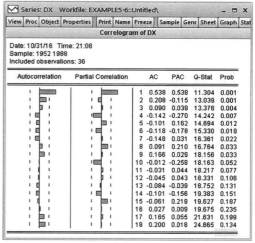

整理图 5-13 中部分阶数对应的统计量与 P 值，见表 5-5。

图 5-13　一阶差分序列自相关图和偏自相关图

表 5-5　一阶差分序列白噪声检验

延迟阶数	LB 统计量	P 值
6	15.330	0.018
12	18.331	0.106
18	24.665	0.134

给定显著性水平 $\alpha = 0.05$，由于延迟六阶的 LB 统计量的 P 值为 0.018，小于 0.05，拒

绝白噪声序列的原假设，因此，认为1952~1988年中国农业实际国民收入指数一阶差分序列为非白噪声序列，即一阶差分序列 $\{\nabla x_t\}$ 蕴含着相关信息，序列的历史信息对未来有影响。时间序列分析的目的就是提取这种影响作用的规律，并用适当的模型表示出来。

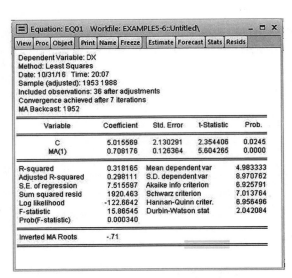

图 5-14　ARMA(0, 1) 回归结果

5. 模型识别

从 $\{\nabla x_t\}$ 的自相关图和偏自相关图中可以看出，该序列自相关系数一阶截尾，偏自相关系数不截尾，因此，考虑用 MA（1）模型拟合 $\{\nabla x_t\}$ 序列，对于原序列 $\{x_t\}$ 即为 ARIMA（0，1，1）模型。

6. 参数估计

采用最小二乘法对一阶差分序列进行参数估计，估计结果见图 5-14。可见，常数项和解释变量的系数估计值在 5% 的显著性水平下均显著不为零。拟合模型形式为：

$$(1 - B)x_t = 5.0156 + (1 + 0.7082B)\varepsilon_t$$

7. 模型检验

点击"View/Residual test/Correlogram"，在弹出的窗口中填写滞后阶数（滞后阶数填写"18"），点击"OK"，可得到残差的白噪声检验结果，见图 5-15 和表 5-6。

图 5-15　残差序列自相关图

表 5-6　残差序列白噪声检验

延迟阶数	LB 统计量	P 值
6	3.6463	0.724
12	7.8698	0.795
16	11.049	0.892

通过对图 5-15 和表 5-6 的分析可知，不管延迟阶数的取值为多少，残差序列的检验统计量对应的 P 值均大于显著性水平0.05，可以认为残差序列为白噪声序列，即拟合模型有效。

利用 t 检验对拟合模型的参数进行显著性检验，检验结果见表 5-7。

表 5-7　参数显著性检验

待估参数	t 统计量	P 值
μ	2.3544	0.0245
θ_1	5.6042	0.0000

通过表 5-7 可知，t 统计量对应的 P 值均小于显著性水平 0.05，因此，可以认为两个参数显著不为零。

通过模型的有效性检验和参数的显著性检验可知，模型 ARIMA（0，1，1）对该序列的拟合效果较好。

5.3.2.2　疏系数模型建模

【案例 5-5】　对 1917~1975 年美国 23 岁妇女每万人生育率序列建模，数据见表 5-8。

表 5-8　1917~1975 年美国 23 岁妇女每万人生育率数据　　　　单位：%

年份	每万人生育率	年份	每万人生育率	年份	每万人生育率
1917	183.1	1937	132.2	1957	268.8
1918	183.9	1938	134.1	1958	264.3
1919	163.1	1939	132.1	1959	264.5
1920	179.5	1940	137.4	1960	268.1
1921	181.4	1941	148.1	1961	264.0
1922	173.4	1942	174.1	1962	252.8
1923	167.6	1943	174.7	1963	240.0
1924	177.4	1944	156.7	1964	229.1
1925	171.7	1945	143.3	1965	204.8
1926	170.1	1946	189.7	1966	193.3
1927	163.7	1947	212.0	1967	179.0
1928	151.9	1948	200.4	1968	178.1
1929	145.4	1949	201.8	1969	181.1
1930	145.0	1950	200.7	1970	165.6
1931	138.9	1951	215.6	1971	159.8
1932	131.5	1952	222.5	1972	136.1
1933	125.7	1953	231.5	1973	126.3
1934	129.5	1954	237.9	1974	123.3
1935	129.6	1955	244.0	1975	118.5
1936	129.5	1956	259.4		

1. 绘制时序图

根据表 5-8 中的数据绘制 1917~1975 年美国 23 岁妇女每万人生育率 $\{x_t\}$ 的时序图，见图 5-16。

2. 差分平稳

由图 5-16 可知，该序列有长期趋势，因此，对该序列进行一阶差分，差分序列 $\{\nabla x_t\}$ 时序图见图 5-17。

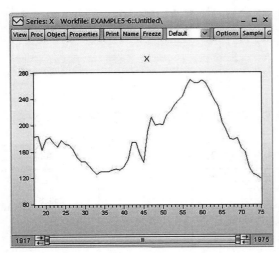

图 5-16 美国 23 岁妇女每万人
生育率时序图

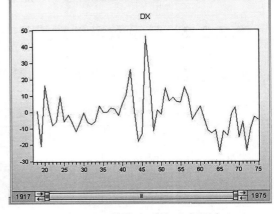

图 5-17 美国 23 岁妇女每万人
生育率一阶差分序列时序图

$\{\nabla x_t\}$ 序列时序图显示，长期趋势信息基本被差分运算提取充分。因此，可以认为 $\{\nabla x_t\}$ 序列平稳。

3. 计算样本自相关系数和样本偏自相关系数

$\{\nabla x_t\}$ 序列的样本自相关图和样本偏自相关图见图 5-18。

由图 5-18 可知，由于 Q 统计量对应的 p 值基本都小于显著性水平 $\alpha = 0.05$，因此，可认为 $\{\nabla x_t\}$ 序列为非白噪声序列。

4. 模型定阶

由图 5-18 的自相关图可知，除一阶、四阶和五阶的自相关系数显著大于 2 倍的标准差之外，其他阶数的自相关系数都比较小，尝试使用 MA（1，4，5）模型进行 $\{\nabla x_t\}$ 序列拟合，

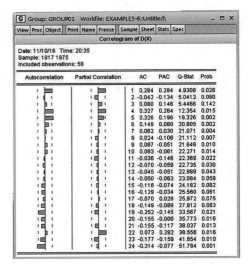

图 5-18 $\{\nabla x_t\}$ 序列的样本自
相关图和样本偏自相关图

使用 ARIMA（0，1，（1，4，5）） 模型对原序列进行拟合。

由图 5-18 中的偏自相关系数可知，一阶和四阶偏自相关系数显著大于 2 倍标准差，尝试使用 AR（1，4） 模型对 $\{\nabla x_t\}$ 序列进行拟合，使用 ARIMA（（1，4），1，0） 模型对原序列进行拟合。

5. 参数估计

使用最小二乘估计，分别对 ARIMA（0，1，（1，4，5）） 模型和 ARIMA（（1，4），1，0） 模型进行参数估计，估计结果如下：

$$(1 - B)x_t = \frac{1}{1 - 0.332499B - 0.330774B^4}\varepsilon_t$$

$$(1 - B)x_t = (1 - 0.279101B - 0.503547B^4 - 0.668777B^5)\varepsilon_t$$

6. 模型检验

ARIMA（0，1，（1，4，5）） 模型的检验结果见表 5-9。

表 5-9　ARIMA(0，1，(1，4，5)) 模型检验

残差白噪声检验			参数显著性检验		
延迟阶数	LB 统计量	P 值	待估参数	t 统计量	P 值
6	7.0298	0.318	θ_1	3.0168	0.0039
12	8.2865	0.726	θ_4	7.7026	0.0000
18	12.376	0.827	θ_5	7.6930	0.0000

残差白噪声检验显示，残差序列为白噪声序列，参数显著性检验结果显示，三个参数均显著不为零。因此，ARIMA（0，1，（1，4，5）） 模型拟合效果较好。

ARIMA（（1，4），1，0） 模型的检验结果见表 5-10。

表 5-10　ARIMA((1，4)，1，0) 模型检验

残差白噪声检验			参数显著性检验		
延迟阶数	LB 统计量	P 值	待估参数	t 统计量	P 值
6	5.5336	0.477	ϕ_1	2.7334	0.0085
12	7.266	0.842	ϕ_4	2.7254	0.0087

残差白噪声检验显示，残差序列为白噪声序列，参数显著性检验结果显示，两个参数均显著不为零。因此，ARIMA（（1，4），1，0） 模型拟合效果较好。

7. 模型优化

ARIMA（（1，4），1，0） 和 ARIMA（0，1，（1，4，5）） 模型检验均通过，需要根据 AIC 准则和 SBC 准则在两者之间选择相对最优模型，即模型优化（见表 5-11）。

表 5-11　模型优化

模型	AIC 统计量值	SBC 统计量值
ARIMA（（1，4），1，0）	7.6179	7.6916
ARIMA（0，1，（1，4，5））	7.5611	7.6677

最小信息量检验显示，无论是使用 AIC 准则还是使用 SBC 准则，ARIMA(0，1，(1，4，5)) 模型都优于 ARIMA((1，4)，1，0) 模型。因此，ARIMA(0，1，(1，4，5)) 模型是相对最优模型，可用该模型进行预测。

5.3.2.3　简单季节模型建模

【案例 5-6】　拟合 1962~1991 年德国工人季度失业率序列，数据见表 5-12。

表 5-12　1962~1991 年德国工人季度失业率数据　　　　单位:%

1.1	0.5	0.4	0.7	1.6	0.6	0.5	0.7
1.3	0.6	0.5	0.7	1.2	0.5	0.4	0.6
0.9	0.5	0.5	1.1	2.9	2.1	1.7	2.0
2.7	1.3	0.9	1.0	1.6	0.6	0.5	0.7
1.1	0.5	0.5	0.6	1.2	0.7	0.7	1.0
1.5	1.0	0.9	1.1	1.5	1.0	1.0	1.6
2.6	2.1	2.3	3.6	5.0	4.5	4.5	4.9
5.7	4.3	4.0	4.4	5.2	4.3	4.2	4.5
5.2	4.1	3.9	4.1	4.8	3.5	3.4	3.5
4.2	3.4	3.6	4.3	5.5	4.8	5.4	6.5
8.0	7.0	7.4	8.5	10.1	8.9	8.8	9.0
10.0	8.7	8.8	8.9	10.4	8.9	8.9	9.0
10.2	8.6	8.4	8.4	9.9	8.5	8.6	8.7
9.8	8.6	8.4	8.2	8.8	7.6	7.5	7.6
8.1	7.1	6.9	6.6	6.8	6.0	6.2	6.2

1. 绘制时序图

1962~1991 年德国工人季度失业率 $\{x_t\}$ 时序图见图 5-19。由图可见，该序列既有长期趋势又有以年为周期的季节效应。

2. 差分平稳化

对 $\{x_t\}$ 序列做一阶差分消除其长期趋势，再对一阶差分序列做 4 步差分消除季节效应的影响，一阶 4 步差分后的序列 $\{\nabla_4 \nabla x_t\}$ 见图 5-20。由图 5-20 可见，长期趋势信息和周期效应基本被差分运算提取充分，认为 $\{\nabla_4 \nabla x_t\}$ 序列平稳。接下来对该序列进行白噪声检验，检验所得统计量和对应概率值见图 5-21。

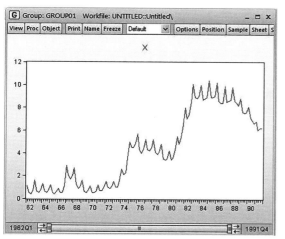

**图 5-19　1962~1991 年德国工人
季度失业率时序图**

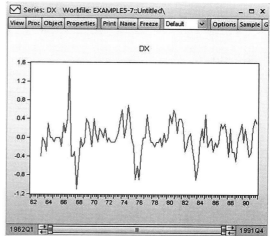

**图 5-20　德国工人季度失业率一阶
4 步差分序列时序图**

3. 模型定阶

　　根据偏自相关系数可知，一阶和四阶偏自相关系数显著大于 2 倍标准差，尝试使用疏系数 AR（1，4）模型对 $\{\nabla_4 \nabla x_t\}$ 序列进行拟合，使用 ARIMA（（1，4），1，0）模型对原序列进行拟合。

4. 参数估计

　　使用最小二乘法，对 ARIMA（（1，4），（1，4），0）模型进行参数估计，估计结果如下：

$$(1-B)(1-B^4)x_t$$
$$=\frac{1}{1-0.4507B+0.2816B^4}\varepsilon_t$$

5. 模型检验

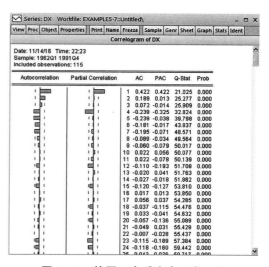

**图 5-21　德国工人季度失业率一阶
4 步差分序列自相关图和偏自相关图**

ARIMA（（1，4），（1，4），0）模型的检验结果见表 5-13。

表 5-13　ARIMA（（1，4），1，0）模型检验

残差白噪声检验			参数显著性检验		
延迟阶数	LB 统计量	P 值	待估参数	t 统计量	P 值
6	1.6342	0.950	ϕ_1	5.4571	0.0000
12	8.5222	0.743	ϕ_4	-3.3946	0.0000

残差白噪声检验显示，残差序列为白噪声序列，参数显著性检验结果显示，两个参数均显著不为零，因此，ARIMA（（1，4），1，0）模型拟合效果较好。

【案例5-7】 试分析1948~1981年美国女性（大于20岁）月度失业率序列，数据见表5-14。

表5-14 1948~1981年美国女性（大于20岁）月度失业率 单位:%

446	650	592	561	491	592	604	635	580
510	553	554	628	708	629	724	820	865
1007	1025	955	889	965	878	1103	1092	978
823	827	928	838	720	756	658	838	684
779	754	794	681	658	644	622	588	720
670	746	616	646	678	552	560	578	514
541	576	522	530	564	442	520	484	538
454	404	424	432	458	556	506	633	708
1013	1031	1101	1061	1048	1005	987	1006	1075
854	1008	777	982	894	795	799	781	776
761	839	842	811	843	753	848	756	848
828	857	838	986	847	801	739	865	767
941	846	768	709	798	831	833	798	806
771	951	799	1156	1332	1276	1373	1325	1326
1314	1343	1225	1133	1075	1023	1266	1237	1180
1046	1010	1010	1046	985	971	1037	1026	947
1097	1018	1054	978	955	1067	1132	1092	1019
1110	1262	1174	1391	1533	1479	1411	1370	1486
1451	1309	1316	1319	1233	1113	1363	1245	1205
1084	1048	1131	1138	1271	1244	1139	1205	1030
1300	1319	1198	1147	1140	1216	1200	1271	1254
1203	1272	1073	1375	1400	1322	1214	1096	1198
1132	1193	1163	1120	1164	966	1154	1306	1123
1033	940	1151	1013	1105	1011	963	1040	838
1012	963	888	840	880	939	868	1001	956
966	896	843	1180	1103	1044	972	897	1103
1056	1055	1287	1231	1076	929	1105	1127	988
903	845	1020	994	1036	1050	977	956	818
1031	1061	964	967	867	1058	987	1119	1202
1097	994	840	1086	1238	1264	1171	1206	1303

续表

1393	1463	1601	1495	1561	1404	1705	1739	1667
1599	1516	1625	1629	1809	1831	1665	1659	1457
1707	1607	1616	1522	1585	1657	1717	1789	1814
1698	1481	1330	1646	1596	1496	1386	1302	1524
1547	1632	1668	1421	1475	1396	1706	1715	1586
1477	1500	1648	1745	1856	2067	1856	2104	2061
2809	2783	2748	2642	2628	2714	2699	2776	2795
2673	2558	2394	2784	2751	2521	2372	2202	2469
2686	2815	2831	2661	2590	2383	2670	2771	2628
2381	2224	2556	2512	2690	2726	2493	2544	2232
2494	2315	2217	2100	2116	2319	2491	2432	2470
2191	2241	2117	2370	2392	2255	2077	2047	2255
2233	2539	2394	2341	2231	2171	2487	2449	2300
2387	2474	2667	2791	2904	2737	2849	2723	2613
2950	2825	2717	2593	2703	2836	2938	2975	3064
3092	3063	2991						

1. 绘制时序图

1948～1981 年美国女性（大于 20 岁）月度失业率序列时序图如图 5-22 所示。

图 5-22 显示，该 $\{x_t\}$ 序列具有长期递增趋势和以年为周期的季节效应。

2. 差分平稳化

对 $\{x_t\}$ 序列作一阶 12 步差分，用以提取 $\{x_t\}$ 序列的长期趋势和季节效应。差分后 $\{\nabla_{12}\nabla x_t\}$ 序列（图中 dx 序列）时序图见图 5-23。图 5-23 显示，该差分序列的时序图近似平稳。

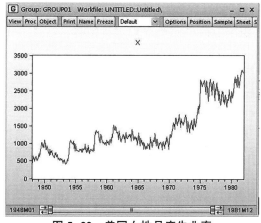

图 5-22　美国女性月度失业率
序列时序图

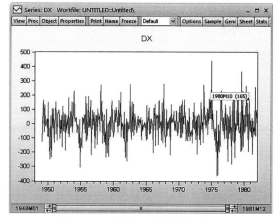

图 5-23　美国女性月度失业率
一阶 12 步差分序列的时序图

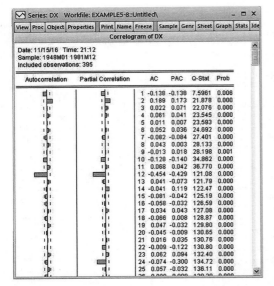

图 5-24 美国女性月度失业率一阶 12 步差分序列自相关图和偏自相关图

3. 模型定阶

考察差分后序列自相关图和偏自相关图（见图 5-24）的性质，进一步验证该序列平稳。

自相关图显示，延迟 12 阶自相关系数显著大于 2 倍标准差范围，这说明差分后序列中蕴含着非常显著的季节效应。延迟一阶、十二阶的自相关系数也大于 2 倍标准差，这说明差分后序列还具有短期相关性，观察偏自相关图得到的结论和自相关图的结论一致。

根据自相关图和偏自相关图的性质，尝试使用 AR（1，12）、MA（1，2，12）和 ARMA（1，1）模型对该差分序列进行拟合，拟合模型的有效性检验结果见表 5-15。

表 5-15 拟合模型白噪声检验

延迟阶数	AR（1，12）模型		MA（1，2，12）模型		ARMA（1，1）模型	
	LB 统计量	P 值	LB 统计量	P 值	LB 统计量	P 值
3	13.707	0.003	9.8616	0.020	9.8680	0.020
6	17.891	0.007	12.597	0.05	11.662	0.070
12	37.935	0.000	17.953	0.117	107.5	0.000

经多次尝试，经检验结果均不理想，说明简单的 ARMA 模型并不适合拟合该序列。考虑到该序列具有短期相关性和季节效应，而且短期相关性和季节效应使用加法模型无法充分、有效地提取，可以认为该序列的季节效应和短期相关性具有更加复杂的关系。这时，可以假定两者具有乘积关系。因此，尝试使用乘积季节模型对该序列进行拟合。

5.3.2.4 乘积季节模型建模

【案例 5-7（续）】 试分析 1948～1981 年美国女性（大于 20 岁）月度失业率。

重新考虑差分序列自相关图和偏自相关图（见图 5-24），自相关图显示，十二阶自相关系数显著非零，但是延迟二十四阶的自相关系数落入 2 倍标准差之内。偏自相关图显示，延迟十二阶和二十四阶偏自相关图都显著非零。因此，可以认为季节自相关特征是自相关截尾、偏自相关系数拖尾。此时，以 12 为周期的 $\text{ARMA}(0,1)_{12}$ 模型提取差分后序列的季节自相关信息。

考虑用乘积季节模型 $\text{ARMA}(1,1)\times(0,1,1)_{12}$ 模型拟合该序列。模型形式如下：

$$\nabla \nabla_{12} x_t = \frac{1 - \theta_1 B}{1 - \phi_1 B}(1 - \theta_{12} B^{12})\varepsilon_t$$

对上述模型进行条件最小二乘估计，估计结果如下：

$$\nabla \nabla_{12} x_t = \frac{1 - 0.5652B}{1 + 0.6829B}(1 + 0.8273B^{12})\varepsilon_t$$

对 $\text{ARMA}(1, 1) \times (0, 1, 1)_{12}$ 模型进行检验，检验结果见表 5-16。

表 5-16　$\text{ARMA}(1, 1) \times (0, 1, 1)_{12}$ 模型检验结果

残差白噪声检验			参数显著性检验		
延迟阶数	LB 统计量	P 值	待估参数	t 统计量	P 值
6	4.271	0.640	θ_1	-3.8111	0.0002
12	10.117	0.606	θ_4	2.7787	0.0057
18	22.600	0.206	θ_1	-28.5141	0.0000

残差白噪声检验显示，残差序列为白噪声序列，参数显著性检验结果显示，三个参数均显著不为零，因此，$\text{ARMA}(1, 1) \times (0, 1, 1)_{12}$ 模型拟合效果较好。

5.3.3　残差自回归模型的构建

5.3.3.1　残差自回归模型的构建

【案例 5-4（续 1）】　对 1952~1988 年中国农业实际国民收入指数序列建模。

使用 Auto-Regressive 模型分析 1952~1988 年中国农业实际国民收入指数序列。

图 5-11 显示该序列有显著的线性递增趋势，但没有季节效应，所以考虑建立如下结构的 Auto-Regressive 模型：

$$\begin{cases} x_t = T_t + \varepsilon_t, \ t = 1, 2, 3, \cdots \\ \varepsilon_t = \varphi_1 \varepsilon_{t-1} + \cdots + \varphi_p \varepsilon_{t-p} + a_t \\ E(a_t) = 0, \ Var(a_t) = \sigma^2, \\ Cov(a_t, a_{t-i}) = 0, \ \forall i \geqslant 1 \end{cases}$$

对 T_t 尝试构造如下两个确定性趋势模型。

方法一：变量为时间 t 的幂函数。

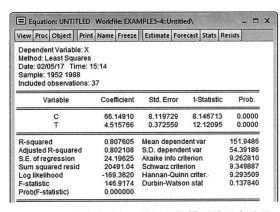

图 5-25　变量为时间 t 的幂函数模型的拟合结果

$$T_t = \beta_0 + \beta_1 \cdot t, \ t = 1, 2, 3, \cdots$$

使用最小二乘估计方法，得到该序列的趋势拟合结果，见图 5-25。

由图 5-25 可知，拟合模型为：

$$T_t = 66.1491 + 4.5158t, \quad t = 1, 2, 3, \cdots$$

方法二：变量为一阶延迟序列值。

$$T_t = \beta_0 + \beta_1 \cdot x_{t-1}$$

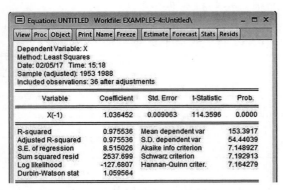

图 5-26　模型拟合结果

使用最小二乘估计方法并检验参数的显著性，去掉不显著的截距项后拟合结果见图 5-26。

由图 5-26 可知，拟合模型为：

$$\hat{x}_t = 1.0365x_{t-1}, \quad t = 1, 2, 3, \cdots$$

上述两个趋势拟合模型的拟合效果图见图 5-27。

图 5-27 中，直线为变量时间 t 的幂函数模型的拟合效果图，下面两条分别为原始序列和变量为一阶延迟序列值模型的拟合曲线。

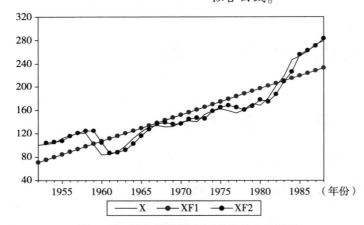

图 5-27　两个趋势拟合模型的拟合效果图

5.3.3.2　Durbin-Waston 检验

【案例 5-4（续 2）】　检验第一个确定性趋势模型残差序列的自相关性。模型为：

$$T_t = 66.1491 + 4.5158t, \quad t = 1, 2, 3, \cdots$$

通过图 5-25 检验结果发现，DW = 0.1378，由于 $d_L = 1.42$，$d_U = 1.53$，可知，DW < d_L，表明残差序列存在正自相关，需要对残差序列进行再次拟合。

5.3.3.3 Durbin h 检验

【案例 5-4（续 3）】 检验第二个确定性趋势模型的残差序列自相关性。模型为：

$$\hat{x}_t = 1.0365x_{t-1},\ t = 1,\ 2,\ 3,\ \cdots$$

通过计算可知，Durbin h 统计量为 2.8038，其对应的概率值 P＝0.0025。因此，可知残差序列存在自相关。为了充分提取相关信息，还需要进一步对残差序列进行拟合。

5.3.3.4 残差自回归模型拟合

【案例 5-4（续 4）】

1. 拟合第一个确定性模型的残差序列

模型为：

$$T_t = 66.1491 + 4.5158t,\ t = 1,\ 2,\ 3,\ \cdots$$

绘制残差序列的自相关图和偏自相关图，见图 5-28。

自相关图显示，残差序列具有典型的短期相关性，偏自相关图呈现典型的二阶截尾特征。因此，对残差序列尝试拟合 AR(2) 模型，并进行最小二乘估计，可得：

$$\varepsilon_t = 1.5070\varepsilon_{t-1} - 0.6159\varepsilon_{t-2} + a_t$$

式中，$\{a_t\}$ 为零均值白噪声序列。

2. 拟合第二个确定性模型的残差序列

模型为：

$$\hat{x}_t = 1.0365x_{t-1},\ t = 1,\ 2,\ 3,\ \cdots$$

绘制残差序列的自相关图和偏自相关图，见图 5-29。

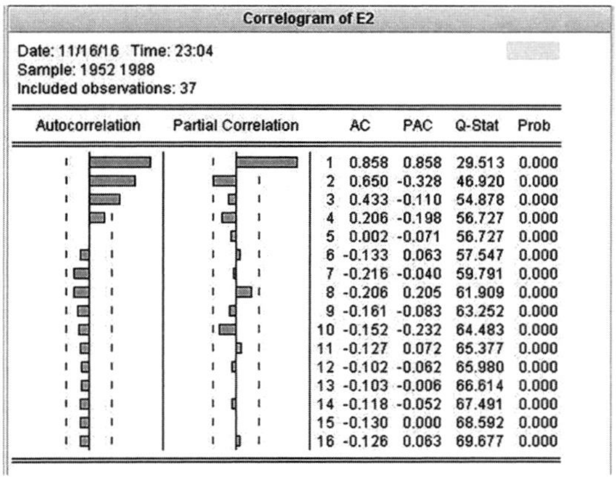

Correlogram of E2

Date: 11/16/16 Time: 23:04
Sample: 1952 1988
Included observations: 37

Autocorrelation	Partial Correlation		AC	PAC	Q-Stat	Prob
		1	0.858	0.858	29.513	0.000
		2	0.650	-0.328	46.920	0.000
		3	0.433	-0.110	54.878	0.000
		4	0.206	-0.198	56.727	0.000
		5	0.002	-0.071	56.727	0.000
		6	-0.133	0.063	57.547	0.000
		7	-0.216	-0.040	59.791	0.000
		8	-0.206	0.205	61.909	0.000
		9	-0.161	-0.083	63.252	0.000
		10	-0.152	-0.232	64.483	0.000
		11	-0.127	0.072	65.377	0.000
		12	-0.102	-0.062	65.980	0.000
		13	-0.103	-0.006	66.614	0.000
		14	-0.118	-0.052	67.491	0.000
		15	-0.130	0.000	68.592	0.000
		16	-0.126	0.063	69.677	0.000

图 5-28 残差序列自相关图和偏自相关图

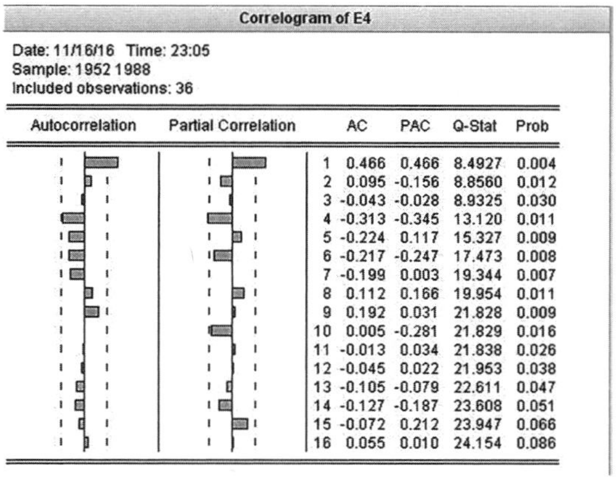

Correlogram of E4

Date: 11/16/16 Time: 23:05
Sample: 1952 1988
Included observations: 36

Autocorrelation	Partial Correlation		AC	PAC	Q-Stat	Prob
		1	0.466	0.466	8.4927	0.004
		2	0.095	-0.156	8.8560	0.012
		3	-0.043	-0.028	8.9325	0.030
		4	-0.313	-0.345	13.120	0.011
		5	-0.224	0.117	15.327	0.009
		6	-0.217	-0.247	17.473	0.008
		7	-0.199	0.003	19.344	0.007
		8	0.112	0.166	19.954	0.011
		9	0.192	0.031	21.828	0.009
		10	0.005	-0.281	21.829	0.016
		11	-0.013	0.034	21.838	0.026
		12	-0.045	0.022	21.953	0.038
		13	-0.105	-0.079	22.611	0.047
		14	-0.127	-0.187	23.608	0.051
		15	-0.072	0.212	23.947	0.066
		16	0.055	0.010	24.154	0.086

图 5-29 残差序列自相关图和偏自相关图

相关图显示残差序列具有典型的短期相关性，偏自相关图呈现典型的一阶截尾性。因此，对残差序列尝试拟合 AR(1) 模型，并应用最小二乘法估计参数，可得：

$$\varepsilon_t = 0.4692\varepsilon_{t-1} + a_t$$

式中，$\{a_t\}$ 为零均值白噪声序列。

目前为止，我们一共为 1952～1988 年中国农业实际国民收入指数序列拟合了三个模型，接下来比较这三个模型的优劣。比较结果见表 5-17。

表 5-17　三个拟合模型优劣比较

模型	AIC 统计量	SBC 统计量
ARIMA（0，1，1）模型 $(1-B)x_t = 5.0156 + (1+0.7082B)\varepsilon_t$	6.9258	7.0138
残差自回归模型一 $\begin{cases} x_t = 66.1491 + 4.5158t + \varepsilon_t \\ \varepsilon_t = 1.5070\varepsilon_{t-1} - 0.6159\varepsilon_{t-2} + a_t \end{cases}$	9.2628	9.3499
残差自回归模型二 $\begin{cases} x_t = 1.0365x_{t-1} + \varepsilon_t \\ \varepsilon_t = 0.4692\varepsilon_{t-1} + a_t \end{cases}$	7.1489	7.1929

表 5-17 显示，ARIMA（0，1，1）模型拟合效果最好，其次为以延迟因变量为回归因子的残差自回归模型二，拟合效果最差的为以时间变量为回归因子的残差自回归模型一。主要原因在于，时间自变量模型对确定性信息的提取精度比其他几个模型差一些。但是，以时间变量为回归因子的残差自回归模型一更易于直观解释原序列的波动规律。

5.3.4　异方差性

5.3.4.1　异方差性图示检验

【案例 5-8】　直观考察美国 1963 年 4 月～1971 年 7 月短期国库券月度收益率序列 $\{x_t\}$ 的方差齐性，数据见表 5-18。

表 5-18　美国 1963 年 4 月～1971 年 7 月短期国库券的月度收益率数据

0.00238	0.00238	0.00240	0.00250	0.00250	0.00260	0.00285	0.00281
0.00241	0.00288	0.00290	0.00292	0.00290	0.00273	0.00271	0.00282
0.00267	0.00273	0.00290	0.00285	0.00300	0.00281	0.00326	0.00321
0.00315	0.00319	0.00310	0.00313	0.00320	0.00313	0.00330	0.00319
0.00315	0.00355	0.00370	0.00371	0.00360	0.00381	0.00372	0.00368
0.00374	0.00389	0.00420	0.00389	0.00340	0.00377	0.00368	0.00364

续表

0.00338	0.00283	0.00270	0.00300	0.00310	0.00317	0.00343	0.00347
0.00355	0.00360	0.00400	0.00385	0.00390	0.00444	0.00453	0.00444
0.00432	0.00406	0.00430	0.00461	0.00400	0.00500	0.00487	0.00470
0.00432	0.00508	0.00480	0.00508	0.00590	0.00550	0.00593	0.00542
0.00540	0.00540	0.00630	0.00534	0.00550	0.00542	0.00546	0.00495
0.00500	0.00508	0.00480	0.00444	0.00380	0.00355	0.00338	0.00264
0.00283	0.00305	0.00340	0.00406				

　　绘制该序列的时序图，见图 5-30。

　　该时序图显示，序列显著非平稳。因此，需对原序列做一阶差分，差分后序列 $\{\nabla x_t\}$ 时序图见图 5-31。由图 5-31 可见，差分后序列显示出均值平稳但方差递增的性质。

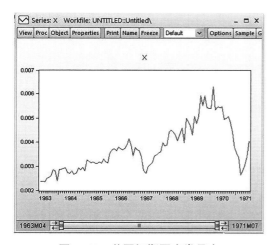

图 5-30　美国短期国库券月度
收益率序列时序图

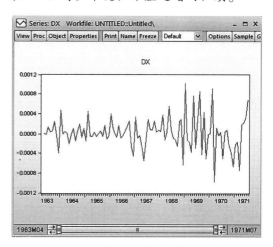

图 5-31　美国短期国库券的月度
收益率序列差分时序图

　　考察一阶差分后序列的平方图（见图 5-32），可以看出该序列具有显著的差异性，同样得出差分序列异方差的结论。

　　当序列具有异方差性时，需要对异方差性做处理。

5.3.4.2　方差齐性变换方法

【案例 5-8（续）】　使用方差齐性变换方法，对美国 1963 年 4 月~1971 年 7 月短期国库券的月度收益率序列 $\{x_t\}$ 进行分析。

　　对原序列进行对数变换，得：

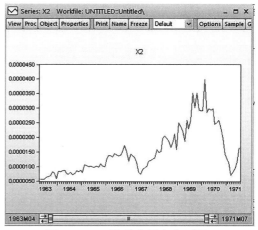

图 5-32　一阶差分平方序列图

$$y_t = \log(x_t)$$

对数序列时序图见图5-33。图5-33显示，它保持了原序列的变化趋势。

接下来，对对数序列 $\{\log(x_t)\}$ 进行一阶差分，差分后时序图见图5-34。

通过图5-34可以看出，残差序列波动平稳，对残差序列分别计算延迟阶数为"6"、"12"、"18"的检验统计量与P值（见表5-19），白噪声检验显示该序列为纯随机序列。

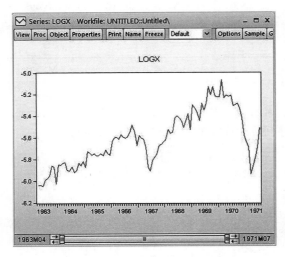

图5-33　美国短期国库券月度
收益率对数序列

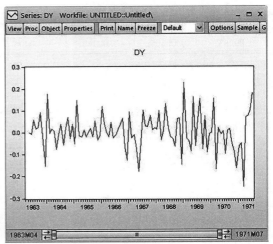

图5-34　美国短期国库券月度
收益率对数序列一阶差分时序图

表5-19　残差序列白噪声检验

延迟阶数	LB 统计量	P 值
6	3.5773	0.734
12	10.824	0.544
18	21.709	0.245

通过方差齐性变换，得到该序列的拟合模型为：

$$\nabla \log(x_t) = \varepsilon_t$$

式中，$\{\varepsilon_t\}$ 为零均值白噪声序列。

5.4　综合案例

【案例5-9】　对1867~1938年英国（英格兰及威尔士）绵羊数量进行拟合，数据见表5-20。

表 5-20　1867~1938 年英国（英格兰及威尔士）绵羊数量

年份	绵羊数量	年份	绵羊数量	年份	绵羊数量
1867	2203	1891	2111	1915	1752
1868	2360	1892	2119	1916	1795
1869	2254	1893	1991	1917	1717
1870	2165	1894	1859	1918	1648
1871	2024	1895	1856	1919	1512
1872	2078	1896	1924	1920	1338
1873	2214	1897	1892	1921	1383
1874	2292	1898	1916	1922	1344
1875	2207	1899	1968	1923	1384
1876	2119	1900	1928	1924	1484
1877	2119	1901	1898	1925	1597
1878	2137	1902	1850	1926	1686
1879	2132	1903	1841	1927	1707
1880	1955	1904	1824	1928	1640
1881	1785	1905	1823	1929	1611
1882	1747	1906	1843	1930	1632
1883	1818	1907	1880	1931	1775
1884	1909	1908	1968	1932	1850
1885	1958	1909	2029	1933	1809
1886	1892	1910	1996	1934	1653
1887	1919	1911	1933	1935	1648
1888	1853	1912	1805	1936	1665
1889	1868	1913	1713	1937	1627
1890	1991	1914	1726	1938	1791

1. 建立工作文件

启动 EViews8.0 软件，选择"File"菜单中的"New/Workfile"选项，出现"Workfile Create"对话框后，需要对案例数据类型进行设定。本例中为年度时间序列数据，因此，在"Frequency"中选择"Annual"并输入初始年度和截止年度，在"Start date"和"End date"框中分别输入"1867"和"1938"，也可选择输入"Workfile names"中的工作文件名称，如本例中输入"example5-9"，最后点击"OK"，出现工作文件窗口。

2. 定义变量并输入数据

在命令行中输入"data x"并回车后，弹出用于存放数据的"Group"对象窗口，点击该窗口上方的"name"对"Group"对象进行命名，默认为"Group01"，点击"OK"后，输入数据或者将已经准备好的 Excel 数据粘贴至该组。

3. 平稳性检验

打开序列对象"Series：X"，依次单击"View/Graph"，在弹出的"Graph options"窗口中选择线形图"Line & Symbol"，点击"OK"后即得到序列 X 的时间序列图，如图5-35所示。

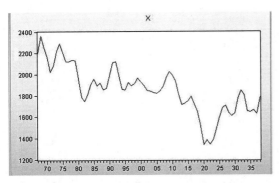

图5-35　1867～1938 年英国（英格兰及
威尔士）绵羊数量时序图

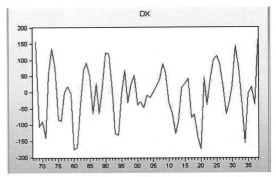

图5-36　英国绵羊数量一阶差分序列时序图

时序图5-35显示，该序列蕴含着显著的线性递减趋势，可判断该序列为非平稳时间序列。因此，需要对该序列进行一阶差分运算，一阶差分序列 $\{\nabla x_t\}$ 时序图见图5-36。

图5-36显示，一阶差分序列 $\{\nabla x_t\}$ 在均值附近做随机波动，而且波动比较稳定，基本可以认为一阶差分序列 $\{\nabla x_t\}$ 平稳。

4. 白噪声检验

打开 $\{\nabla x_t\}$ 序列，点击"View/Correlo-gram"菜单，选择滞后项数为 24，然后点击"OK"，就得到 $\{\nabla x_t\}$ 序列的自相关系数图和偏自相关系数图，如图5-37所示。

由图5-37可知，不管滞后阶数取多少，LB 统计量的 P 值均小于 0.05，即认为在 95% 的概率保证程度下，$\{\nabla x_t\}$ 序列为非纯随机时间序列。

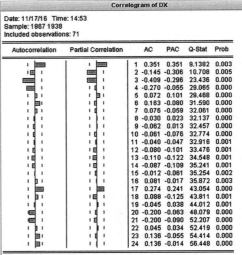

图5-37　$\{\nabla x_t\}$ 序列自相关系数图和
偏自相关系数图

5. 模型定阶

通过分析 $\{\nabla x_t\}$ 序列的自相关系数图和偏自相关系数图，尝试拟合 AR(1，3)、MA(1，3，4)、AR(2) 和 ARMA(1，1) 模型，即对原序列进行 ARIMA((1，3)，1，0)、ARIMA(0，1，(1，3，4))、ARIMA(2，1，0) 和 ARIMA(1，1，1) 模型进行拟合。

6. 模型的估计和检验

（1）AR(1，3) 模型拟合和检验。

采用最小二乘法对模型 AR(1，3) 进行参数估计，估计结果见图 5-38。

由图 5-38 可以看出，各参数估计值在 5% 的显著性水平下均显著非零。接下来对模型的拟合残差进行白噪声检验，检验结果见图 5-39。

Dependent Variable: DX
Method: Least Squares
Date: 11/17/16　Time: 14:12
Sample (adjusted): 1871 1938
Included observations: 68 after adjustments
Convergence achieved after 2 iterations

Variable	Coefficient	Std. Error	t-Statistic	Prob.
AR(1)	0.366021	0.105625	3.465289	0.0009
AR(3)	-0.369504	0.101721	-3.632529	0.0005

R-squared	0.308598	Mean dependent var	-5.500000
Adjusted R-squared	0.298122	S.D. dependent var	82.26795
S.E. of regression	68.92256	Akaike info criterion	11.33281
Sum squared resid	313521.1	Schwarz criterion	11.39809
Log likelihood	-383.3157	Hannan-Quinn criter.	11.35868
Durbin-Watson stat	1.746928		

Inverted AR Roots	.49+.60i	.49-.60i	-.61

图 5-38　AR(1，3) 模型回归结果

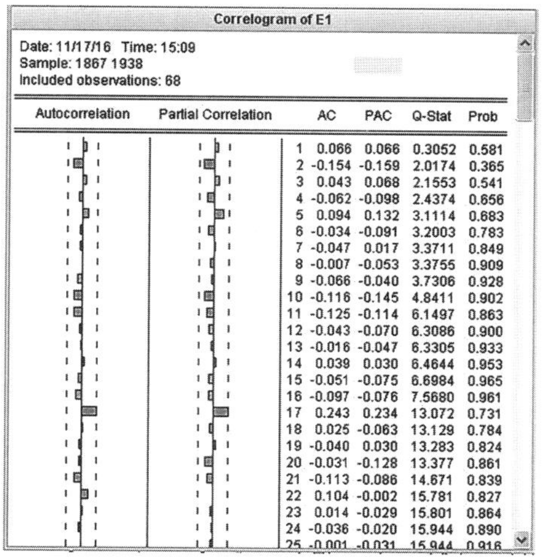

Correlogram of E1
Date: 11/17/16　Time: 15:09
Sample: 1867 1938
Included observations: 68

Autocorrelation	Partial Correlation		AC	PAC	Q-Stat	Prob
		1	0.066	0.066	0.3052	0.581
		2	-0.154	-0.159	2.0174	0.365
		3	0.043	0.068	2.1553	0.541
		4	-0.062	-0.098	2.4374	0.656
		5	0.094	0.132	3.1114	0.683
		6	-0.034	-0.091	3.2003	0.783
		7	-0.047	0.017	3.3711	0.849
		8	-0.007	-0.053	3.3755	0.909
		9	-0.066	-0.040	3.7306	0.928
		10	-0.116	-0.145	4.8411	0.902
		11	-0.125	-0.114	6.1497	0.863
		12	-0.043	-0.070	6.3086	0.900
		13	-0.018	-0.047	6.3305	0.933
		14	0.039	0.030	6.4644	0.953
		15	-0.051	-0.075	6.6984	0.965
		16	-0.097	-0.076	7.5680	0.961
		17	0.243	0.234	13.072	0.731
		18	0.025	-0.063	13.129	0.784
		19	-0.040	0.030	13.283	0.824
		20	-0.031	-0.128	13.377	0.861
		21	-0.113	-0.086	14.671	0.839
		22	0.104	-0.002	15.781	0.827
		23	-0.014	-0.029	15.801	0.864
		24	-0.036	-0.020	15.944	0.890
		25	-0.001	-0.031	15.944	0.918

图 5-39　残差序列白噪声检验

图 5-39 显示，不管滞后阶数取多少，LB 统计量对应的 P 值均大于显著性水平 $\alpha = 0.05$，表明模型的拟合残差序列为白噪声序列，说明 AR(1，3) 模型拟合效果较好。

（2）MA(1，3，4) 模型拟合和检验。

采用最小二乘法对 MA(1，3，4) 模型进行估计，估计结果见图 5-40。

由图 5-40 可以看出，各参数估计值在 5% 的显著性水平下均显著非零。拟合残差的白噪声检验结果见图 5-41。

Dependent Variable: DX
Method: Least Squares
Date: 11/17/16　Time: 14:13
Sample (adjusted): 1868 1938
Included observations: 71 after adjustments
Convergence achieved after 11 iterations
MA Backcast: 1864 1867

Variable	Coefficient	Std. Error	t-Statistic	Prob.
MA(1)	0.505156	0.098328	5.137452	0.0000
MA(3)	-0.266353	0.118902	-2.240112	0.0284
MA(4)	-0.480446	0.118538	-4.053114	0.0001

R-squared	0.357612	Mean dependent var	-5.802817
Adjusted R-squared	0.338718	S.D. dependent var	84.25550
S.E. of regression	68.51592	Akaike info criterion	11.33334
Sum squared resid	319221.4	Schwarz criterion	11.42895
Log likelihood	-399.3337	Hannan-Quinn criter.	11.37136
Durbin-Watson stat	2.006874		

Inverted MA Roots	.81	-.22+.79i	-.22-.79i	-.87

图 5-40　MA(1，3，4) 模型拟合结果

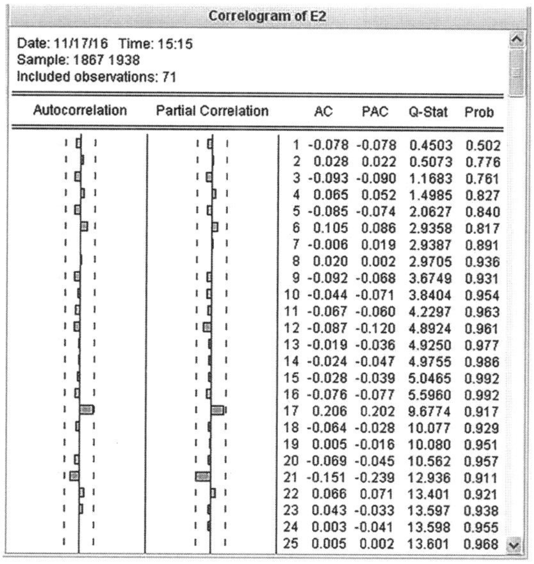

Correlogram of E2
Date: 11/17/16　Time: 15:15
Sample: 1867 1938
Included observations: 71

Autocorrelation	Partial Correlation		AC	PAC	Q-Stat	Prob
		1	-0.078	-0.078	0.4503	0.502
		2	0.028	0.022	0.5073	0.776
		3	-0.093	-0.090	1.1683	0.761
		4	0.065	0.052	1.4985	0.827
		5	-0.085	-0.074	2.0627	0.840
		6	0.105	0.086	2.9358	0.817
		7	-0.006	0.019	2.9387	0.891
		8	0.020	0.002	2.9705	0.936
		9	-0.092	-0.068	3.6749	0.931
		10	-0.044	-0.071	3.8404	0.954
		11	-0.067	-0.060	4.2297	0.963
		12	-0.087	-0.120	4.8924	0.961
		13	-0.019	-0.036	4.9250	0.977
		14	-0.024	-0.047	4.9755	0.986
		15	-0.028	-0.039	5.0465	0.992
		16	-0.076	-0.077	5.5960	0.992
		17	0.206	0.202	9.6774	0.917
		18	-0.064	-0.028	10.077	0.929
		19	-0.016	-0.016	10.080	0.951
		20	-0.069	-0.045	10.562	0.957
		21	-0.151	-0.239	12.936	0.911
		22	0.066	0.071	13.401	0.921
		23	0.043	-0.033	13.597	0.938
		24	0.003	-0.041	13.598	0.955
		25	0.005	0.002	13.601	0.968

图 5-41　残差序列白噪声检验

图 5-41 显示，不管滞后阶数取多少，LB 统计量对应的 P 值均大于显著性水平 $\alpha=0.05$，表明模型的拟合残差序列为白噪声序列，说明 MA(1，3，4) 模型拟合效果较好。

(3) AR(2) 模型拟合和检验。

采用最小二乘法对 AR(2) 模型进行估计，估计结果见图 5-42。

由图 5-42 可以看到，各参数估计值在 5%的显著性水平下均显著非零。模型拟合残差的白噪声检验结果见图 5-43。

图 5-43 显示，不管滞后阶数取多少，LB 统计量对应的 P 值均大于显著性水平 $\alpha=0.05$，表明模型的拟合残差序列为白噪声序列，说明 AR(2) 模型拟合效果较好。

Dependent Variable: DX
Method: Least Squares
Date: 11/17/16 Time: 14:14
Sample (adjusted): 1870 1938
Included observations: 69 after adjustments
Convergence achieved after 3 iterations

Variable	Coefficient	Std. Error	t-Statistic	Prob.
AR(1)	0.592934	0.113143	5.240562	0.0000
AR(2)	-0.378163	0.110321	-3.427848	0.0010

R-squared	0.301231	Mean dependent var	-6.710145
Adjusted R-squared	0.290802	S.D. dependent var	82.27717
S.E. of regression	69.28881	Akaike info criterion	11.34300
Sum squared resid	321663.0	Schwarz criterion	11.40776
Log likelihood	-389.3335	Hannan-Quinn criter.	11.36869
Durbin-Watson stat	2.045517		

Inverted AR Roots .30-.54i .30+.54i

图 5-42 AR(2) 模型拟合结果

Correlogram of E3

Date: 11/17/16 Time: 15:21
Sample: 1867 1938
Included observations: 69

	AC	PAC	Q-Stat	Prob
1	-0.087	-0.087	0.5501	0.458
2	0.015	0.007	0.5665	0.753
3	-0.047	-0.046	0.7326	0.866
4	-0.174	-0.184	3.0080	0.556
5	0.042	0.011	3.1446	0.678
6	-0.033	-0.028	3.2271	0.780
7	0.057	0.033	3.4795	0.837
8	0.032	0.013	3.5626	0.894
9	-0.044	-0.036	3.7211	0.929
10	-0.072	-0.090	4.1552	0.940
11	-0.129	-0.131	5.5623	0.901
12	-0.024	-0.052	5.6132	0.934
13	-0.021	-0.053	5.6527	0.958
14	-0.014	-0.068	5.6700	0.974
15	0.092	0.036	6.4454	0.971
16	-0.129	-0.142	7.9855	0.949
17	0.277	0.256	15.216	0.580
18	-0.010	0.044	15.226	0.646
19	-0.087	-0.085	15.969	0.659
20	-0.001	-0.055	15.969	0.719
21	-0.166	-0.116	18.773	0.600
22	0.103	0.036	19.888	0.590
23	-0.006	-0.029	19.893	0.648
24	0.029	-0.019	19.985	0.698
25	0.027	-0.033	20.067	0.743

图 5-43 残差序列白噪声检验

(4) ARMA(1，1) 模型拟合和检验。

采用最小二乘法对模型 ARMA(1，1) 进行估计，估计结果见图 5-44。

由图 5-44 可以看出，θ_1 估计值在 5%的显著性水平下均显著非零。ϕ_1 估计值在 5%显著性水平下显著为零。模型拟合残差的白噪声检验结果见图 5-45。

图 5-45 显示，不管滞后阶数取多少，LB 统计量对应的 P 值均大于显著性水平 $\alpha=0.05$，表明模型的拟合残差序列为白噪声序列，说明 ARMA(1，1) 模型拟合有效。综上可知，ARMA(1，1) 模型未通过检验。

Dependent Variable: DX
Method: Least Squares
Date: 11/17/16 Time: 15:39
Sample (adjusted): 1869 1938
Included observations: 70 after adjustments
Convergence achieved after 7 iterations
MA Backcast: 1868

Variable	Coefficient	Std. Error	t-Statistic	Prob.
AR(1)	-0.075134	0.171517	-0.438057	0.6627
MA(1)	0.648445	0.130453	4.970710	0.0000

R-squared	0.253254	Mean dependent var	-8.128571
Adjusted R-squared	0.242272	S.D. dependent var	82.53641
S.E. of regression	71.84593	Akaike info criterion	11.41508
Sum squared resid	351005.0	Schwarz criterion	11.47932
Log likelihood	-397.5278	Hannan-Quinn criter.	11.44060
Durbin-Watson stat	1.852605		

Inverted AR Roots -.08
Inverted MA Roots -.65

图 5-44 ARMA(1，1) 模型拟合结果

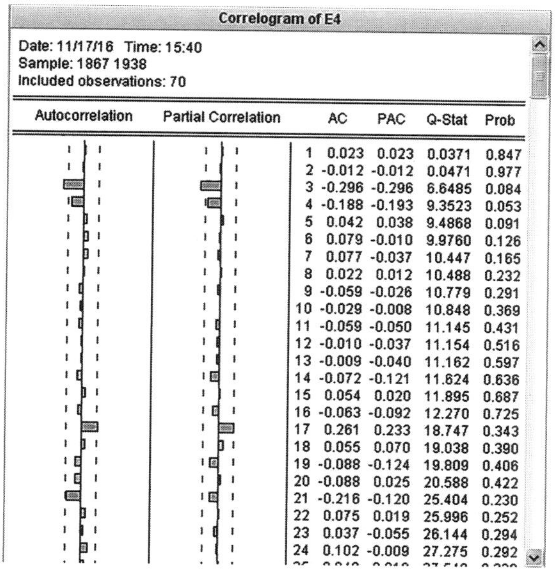
Correlogram of E4

Date: 11/17/16 Time: 15:40
Sample: 1867 1938
Included observations: 70

	AC	PAC	Q-Stat	Prob
1	0.023	0.023	0.0371	0.847
2	-0.012	-0.012	0.0471	0.977
3	-0.296	-0.296	6.6485	0.084
4	-0.188	-0.193	9.3523	0.053
5	0.042	0.038	9.4868	0.091
6	0.079	-0.010	9.9760	0.126
7	0.077	-0.037	10.447	0.165
8	0.022	0.012	10.488	0.232
9	-0.059	-0.026	10.779	0.291
10	-0.029	-0.008	10.848	0.369
11	-0.059	-0.050	11.145	0.431
12	-0.010	-0.037	11.154	0.516
13	-0.009	-0.040	11.162	0.597
14	-0.072	-0.121	11.624	0.636
15	0.054	0.020	11.895	0.687
16	-0.063	-0.092	12.270	0.725
17	0.261	0.233	18.747	0.343
18	0.055	0.070	19.038	0.390
19	-0.088	-0.124	19.809	0.406
20	-0.088	0.025	20.588	0.422
21	-0.216	-0.120	25.404	0.230
22	0.075	0.019	25.996	0.252
23	0.037	-0.055	26.144	0.294
24	0.102	-0.009	27.275	0.292

图 5-45　残差序列白噪声检验

7. 模型优化

通过以上检验可以发现，拟合模型 AR(1，3)、MA(1，3，4) 和 AR(2) 均通过模型的有效性检验和参数的显著性检验，需要进一步进行模型优化，以便从以上几个模型中选择相对最优模型。

通过分析图 5-38、图 5-40、图 5-42 和图 5-44 的拟合结果，并结合 AIC 准则和 SBC 准则对四个模型进行选择，比较结果见表 5-21。

表 5-21　四个拟合模型优劣比较检验

模型	AIC 统计量	SBC 统计量
AR(1，3)	11.3328	11.3981
MA(1，3，4)	11.3333	11.4290
AR(2)	11.4078	11.3687

根据 AIC 准则，选取 AR(1，3) 模型对一阶差分序列进行拟合，即对原序列进行 ARIMA((1，3)，1，0) 模型的拟合。根据 SBC 准则，选取 AR(2) 模型对一阶差分序列进行拟合，即对原序列进行 ARIMA(2，1，0) 模型的拟合。

8. 模型预测

点击“Forecast”进行序列预测，在 EViews 中有两种预测方式：“Dynamic”和“Static”，前者是根据所选择的一定的估计区间，进行多步向前预测；后者是只滚动地进行向前一步预测，即每预测一次，用真实值代替预测值，加入到估计区间，再进行向前一步预测。

【案例 5-10】 1978~2015 年我国国内总储蓄率如表 5-22 所示。

表 5-22 1978~2015 年我国国内总储蓄率 单位:%

年份	国内总储蓄率	年份	国内总储蓄率	年份	国内总储蓄率	年份	国内总储蓄率
1978	37.90	1988	38.20	1998	39.50	2008	50.30
1979	36.10	1989	36.10	1999	37.30	2009	50.00
1980	34.50	1990	36.70	2000	36.30	2010	50.90
1981	33.30	1991	38.10	2001	38.00	2011	49.80
1982	33.50	1992	40.30	2002	39.00	2012	49.20
1983	32.60	1993	41.70	2003	42.10	2013	49.00
1984	34.20	1994	41.80	2004	44.80	2014	48.58
1985	35.00	1995	40.90	2005	45.90	2015	47.90
1986	35.20	1996	40.00	2006	47.60		
1987	37.40	1997	40.40	2007	49.40		

资料来源:Wind 资讯。

根据以上数据:

(1) 判断该序列平稳性和纯随机性。

(2) 选择合适的模型拟合该序列。

(3) 预测 2016 年我国国内总储蓄率。

1. 建立工作文件

启动 EViews8.0 软件,选择 "File" 菜单中的 "New/Workfile" 选项,出现 "Workfile Create" 对话框后,需要对案例数据类型进行设定。本例中为年度时间序列数据,因此,在 "Frequency" 中选择 "Annual" 并输入初始年度和截止年度,在 "Start date" 和 "End date" 框中分别输入 "1978" 和 "2015",也可选择输入 "Workfile names" 中的工作文件名称,如本例中输入 "example5-10",最后点击 "OK",出现工作文件窗口。

2. 定义变量并输入数据

在命令行中输入 "data saved" 并回车后,弹出用于存放数据的 "Group" 对象窗口,点击该窗口上方的 "name" 对 "Group" 对象进行命名,默认为 "Group01",点击 "OK" 后,输入数据或者将已经准备好的 Excel 数据粘贴至该组。

3. 平稳性检验

打开序列对象 "Series:saved",依次单击 "View/Graph",在弹出的 "Graph options" 窗口中选择线形图 "Line & Symbol",点击 "OK" 后即得到序列 saved 的时间序列图,如图 5-46 所示。

图 5-46 显示，该序列蕴含着线性递增趋势，可判断该序列为非平稳时间序列。因此，需要对该序列进行一阶差分运算，一阶差分序列时序图见图 5-47。

图 5-47 显示，一阶差分序列在均值附近做随机波动，而且波动比较稳定，基本可以认为一阶差分序列平稳。

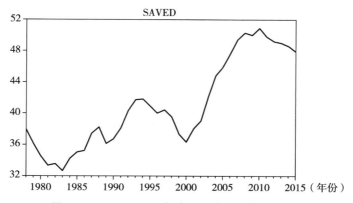

图 5-46　1978~2015 年我国国内总储蓄率时序图

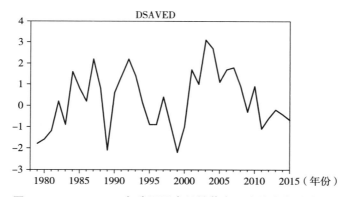

图 5-47　1978~2015 年我国国内总储蓄率一阶差分序列时序图

4. 白噪声检验

打开一阶差分序列"dsaved"，点击"View/Correlogram"菜单，填入滞后期，然后点击"OK"，得到差分序列的自相关系数图和偏自相关系数图，如图 5-48 所示。

由图 5-48 可知，LB 统计量的 P 值均小于 0.05，即认为在 95% 的概率保证程度下，我国国内总储蓄率一阶差分序列为非纯随机序列。

5. 模型定阶

差分序列的自相关系数图和偏自相关系数图均显示出一阶截尾的特征（见图5-48），可以尝试拟合 AR(1) 和 MA(1) 模型，即对原序列而言为 ARIMA(1, 1, 0) 和 ARIMA(0, 1, 1)。

Correlogram of DSAVED

Date: 02/05/17 Time: 19:45
Sample: 1978 2015
Included observations: 37

	AC	PAC	Q-Stat	Prob
1	0.471	0.471	8.9017	0.003
2	0.171	-0.066	10.105	0.006
3	0.107	0.068	10.594	0.014
4	-0.085	-0.200	10.911	0.028
5	-0.224	-0.137	13.170	0.022
6	-0.142	0.042	14.107	0.028
7	-0.328	-0.337	19.266	0.007
8	-0.418	-0.171	27.946	0.000
9	-0.124	0.176	28.736	0.001
10	0.034	0.060	28.798	0.001
11	-0.107	-0.261	29.430	0.002
12	-0.152	-0.297	30.762	0.002
13	0.018	0.188	30.781	0.004
14	0.013	0.015	30.791	0.006
15	0.126	-0.051	31.829	0.007
16	0.287	0.088	37.494	0.002

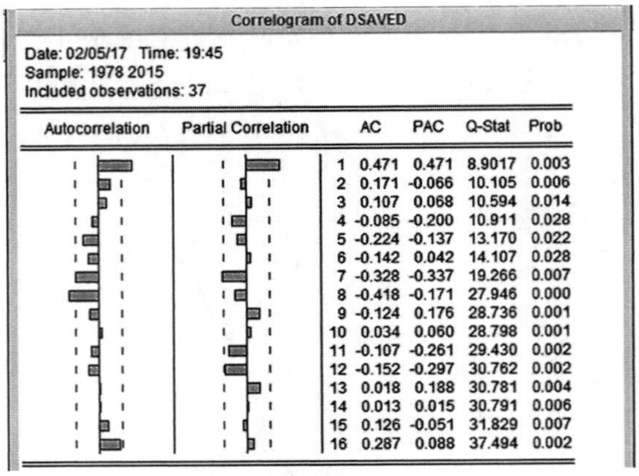

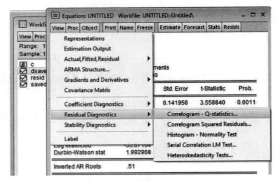

图 5-48　差分序列自相关系数图和偏自相关系数图

6. 模型估计和检验

（1）AR（1）模型拟合和检验。

采用最小二乘法估计 AR（1）模型的参数，并去掉不显著的截距项，估计结果见图5-49。

由图 5-49 可以看出，参数估计值在 5%的显著性水平下显著非零，还需对模型的拟合残差进行白噪声检验。

在图 5-49 所示方程的窗口依次点击“View/Residual/Diagnostics/Correlogram-Q-Statistics”，可直接对该方程的残差做自相关图和偏自相关图，并进行纯随机性检验，如图 5-50所示，检验结果见图 5-51。可见，不管滞后阶数取多少，LB 统计量对应的 P 值均大于显著性水平 $\alpha = 0.05$，表明模型的拟合残差序列为白噪声序列，说明 AR(1) 模型拟合有效。

Dependent Variable: DSAVED
Method: Least Squares
Date: 02/06/17 Time: 06:50
Sample (adjusted): 1980 2015
Included observations: 36 after adjustments
Convergence achieved after 2 iterations

Variable	Coefficient	Std. Error	t-Statistic	Prob.
AR(1)	0.505204	0.141958	3.558840	0.0011

R-squared	0.221172	Mean dependent var	0.327778
Adjusted R-squared	0.221172	S.D. dependent var	1.349720
S.E. of regression	1.191145	Akaike info criterion	3.215091
Sum squared resid	49.65889	Schwarz criterion	3.259078
Log likelihood	-56.87164	Hannan-Quinn criter.	3.230444
Durbin-Watson stat	1.992968		

Inverted AR Roots　.51

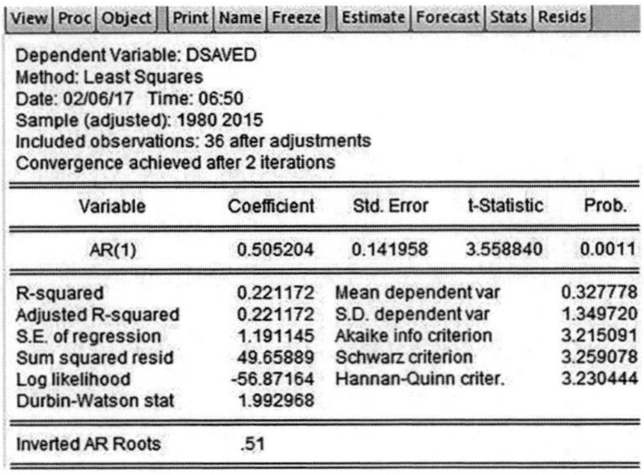

图 5-49　AR(1) 模型回归结果

图 5-50　模型残差的纯随机性检验

（2）MA（1）模型拟合和检验。

采用最小二乘法对 MA(1) 模型进行参数估计，并去掉不显著的常数项，估计结果见图 5-52。

Correlogram of Residuals

Date: 02/06/17 Time: 07:05
Sample: 1978 2015
Included observations: 36
Q-statistic probabilities adjusted for 1 ARMA term

	AC	PAC	Q-Stat	Prob
1	-0.032	-0.032	0.0399	
2	-0.131	-0.132	0.7323	0.392
3	0.154	0.148	1.7209	0.423
4	-0.118	-0.133	2.3207	0.509
5	-0.139	-0.108	3.1757	0.529
6	0.122	0.069	3.8585	0.570
7	-0.191	-0.200	5.5748	0.472
8	-0.334	-0.326	11.026	0.137
9	0.024	-0.117	11.055	0.199
10	0.097	0.067	11.547	0.240
11	-0.039	-0.001	11.629	0.311
12	-0.175	-0.365	13.378	0.269
13	0.166	0.070	15.011	0.241
14	-0.071	-0.113	15.326	0.287
15	-0.040	-0.160	15.429	0.349
16	0.237	-0.059	19.279	0.201
17	0.069	0.091	19.620	0.238
18	-0.093	0.026	20.281	0.260
19	0.158	-0.075	22.295	0.219
20	0.044	-0.069	22.458	0.262
21	-0.151	-0.027	24.532	0.220
22	0.058	-0.036	24.863	0.253

图 5-51　残差序列纯随机检验结果

Equation: UNTITLED Workfile: UNTITLED::Untitled\

View | Proc | Object | Print | Name | Freeze | Estimate | Forecast | Stats | Resids

Dependent Variable: DSAVED
Method: Least Squares
Date: 02/06/17 Time: 07:09
Sample (adjusted): 1979 2015
Included observations: 37 after adjustments
Convergence achieved after 5 iterations
MA Backcast: 1978

Variable	Coefficient	Std. Error	t-Statistic	Prob.
MA(1)	0.535076	0.137611	3.888330	0.0004

R-squared	0.225074	Mean dependent var	0.270270
Adjusted R-squared	0.225074	S.D. dependent var	1.376046
S.E. of regression	1.211332	Akaike info criterion	3.247973
Sum squared resid	52.82368	Schwarz criterion	3.291511
Log likelihood	-59.08750	Hannan-Quinn criter.	3.263322
Durbin-Watson stat	1.897441		

Inverted MA Roots　-.54

图 5-52　MA(1) 模型拟合结果

由图 5-52 可以看出，参数估计值在 5%的显著性水平下均显著非零，还需对模型的拟合残差进行白噪声检验，检验结果见图 5-53。

Correlogram of Residuals

Date: 02/06/17 Time: 07:11
Sample: 1978 2015
Included observations: 37
Q-statistic probabilities adjusted for 1 ARMA term

	AC	PAC	Q-Stat	Prob
1	0.001	0.001	2.E-05	
2	0.140	0.140	0.8037	0.370
3	0.067	0.068	0.9956	0.608
4	-0.032	-0.052	1.0395	0.792
5	-0.211	-0.237	3.0438	0.551
6	0.029	0.034	3.0836	0.687
7	-0.210	-0.147	5.1999	0.518
8	-0.327	-0.339	10.517	0.161
9	-0.009	-0.000	10.521	0.230
10	0.031	0.130	10.571	0.306
11	-0.045	-0.004	10.683	0.383
12	-0.192	-0.409	12.812	0.306
13	0.118	-0.025	13.646	0.324
14	-0.052	0.124	13.816	0.387
15	0.049	-0.075	13.975	0.452
16	0.221	0.004	17.333	0.299

图 5-53　残差序列白噪声检验

图 5-53 显示，不管滞后阶数取多少，LB 统计量对应的 P 值均大于显著性水平 $\alpha=0.05$，表明模型的拟合残差序列为白噪声序列，说明 MA(1) 模型拟合有效。

7. 模型优化

通过以上检验可以发现，拟合模型 AR(1) 和 MA(1) 均通过参数显著性和模型显著性检验，需要进一步进行模型优化。

分析图 5-49 及图 5-52 的拟合结果，并结合 AIC 准则和 SBC 准则，对以上两个模型进行选择，比较结果见表 5-23。

表 5-23 两个拟合模型优劣比较检验

模型	AIC 统计量	SBC 统计量
AR(1)	3.2150	3.2590
MA(1)	3.2479	3.2915

根据最小信息准则，AIC 值或 SBC 值较小的模型是相对最优模型。由以上对比结果可知，AR(1) 模型的 AIC 值和 SBC 值均小于 MA(1) 模型，因此，AR(1) 模型是相对最优模型，可以用来预测。

8. 模型的预测

双击信息栏区域，将总区间由原来的"1978~2015"修改为"1978~2016"。打开 AR(1) 模型的方程对象，单击"Forecast"，这里选择"Static"静态预测，默认预测序列名为 dsavedf，如图 5-54 所示。作图对比预测序列 dsavedf 与原序列 dsaved（见图 5-55），可见预测序列与原序列的走势基本一致。

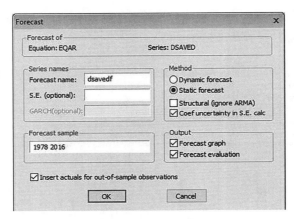

图 5-54 模型预测

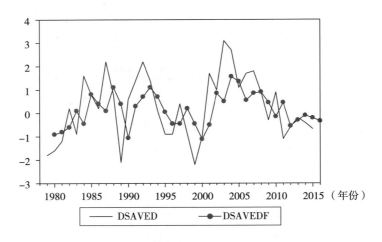

图 5-55 预测序列与原序列对比

5.5　练习案例

【**练习 5-1**】　我国 1952～2016 年社会消费品零售总额对数序列如表 5-24 所示。

表 5-24　我国 1952～2016 年社会消费品零售总额对数序列

年份	社会消费品零售总额对数	年份	社会消费品零售总额对数	年份	社会消费品零售总额对数	年份	社会消费品零售总额对数
1952	5.6233	1969	6.6865	1986	8.5071	2003	10.8689
1953	5.8522	1970	6.7546	1987	8.6691	2004	10.9937
1954	5.9431	1971	6.8343	1988	8.9146	2005	11.1324
1955	5.9718	1972	6.9308	1989	8.9998	2006	11.279
1956	6.1334	1973	7.0091	1990	9.024	2007	11.4465
1957	6.1616	1974	7.0593	1991	9.1501	2008	11.6512
1958	6.3063	1975	7.1476	1992	9.3051	2009	11.7985
1959	6.4583	1976	7.2	1993	9.5659	2010	11.9704
1960	6.5466	1977	7.2674	1994	9.8321	2011	12.14
1961	6.4097	1978	7.3515	1995	10.0696	2012	12.2758
1962	6.4036	1979	7.4955	1996	10.2527	2013	12.4002
1963	6.4044	1980	7.6686	1997	10.3499	2014	12.5132
1964	6.4587	1981	7.7622	1998	10.4157	2015	12.6146
1965	6.5077	1982	7.8517	1999	10.4814	2016	12.7138
1966	6.5969	1983	7.9549	2000	10.574		
1967	6.647	1984	8.1246	2001	10.6702		
1968	6.603	1985	8.3675	2002	10.7818		

资料来源：Wind 资讯。

选择适当模型拟合该序列的发展，并预测 2017 年我国社会消费品零售总额。

【**练习 5-2**】　我国 1952～2016 年工业增加值对数序列如表 5-25 所示。

表 5-25　我国 1952~2016 年工业增加值对数序列

年份	工业增加值对数	年份	工业增加值对数	年份	工业增加值对数	年份	工业增加值对数
1952	1.5653	1969	1.8643	1986	2.1156	2003	2.3907
1953	1.6283	1970	1.9064	1987	2.1328	2004	2.4064
1954	1.652	1971	1.9231	1988	2.1596	2005	2.4216
1955	1.6589	1972	1.9327	1989	2.1729	2006	2.4364
1956	1.6895	1973	1.9441	1990	2.1793	2007	2.453
1957	1.7235	1974	1.9456	1991	2.1977	2008	2.4671
1958	1.7968	1975	1.9652	1992	2.224	2009	2.4711
1959	1.8396	1976	1.9607	1993	2.2581	2010	2.4861
1960	1.8489	1977	1.9787	1994	2.2906	2011	2.4999
1961	1.7762	1978	2.0003	1995	2.3153	2012	2.5055
1962	1.7582	1979	2.0133	1996	2.3315	2013	2.5106
1963	1.778	1980	2.0292	1997	2.3423	2014	2.5147
1964	1.8162	1981	2.0326	1998	2.3455	2015	2.5156
1965	1.8433	1982	2.0397	1999	2.3506	2016	2.5194
1966	1.8697	1983	2.0519	2000	2.3611		
1967	1.8426	1984	2.0723	2001	2.3692		
1968	1.8259	1985	2.0985	2002	2.3772		

资料来源：Wind 资讯。

选择适当模型拟合该序列的发展，并预测 2017 年我国工业增加值。

【练习 5-3】　2007 年 1 月~2016 年 12 月我国社会消费品零售总额数据如表 5-26 所示。

表 5-26　2007 年 1 月~2016 年 12 月我国社会消费品零售总额　　　　单位：亿元

日期	社会消费品零售总额	日期	社会消费品零售总额	日期	社会消费品零售总额	日期	社会消费品零售总额
2007-01	7488.30	2009-05	10028.40	2011-09	15865.10	2014-07	20775.79
2007-02	7013.70	2009-06	9941.60	2011-10	16546.40	2014-08	21133.93
2007-03	6685.80	2009-07	9936.50	2011-11	16128.90	2014-09	23042.43
2007-04	6672.50	2009-08	10115.60	2011-12	17739.70	2014-10	23967.24
2007-05	7157.50	2009-09	10912.80	2012-03	15650.20	2014-11	23474.70
2007-06	7026.00	2009-10	11717.60	2012-04	15603.10	2014-12	25801.31
2007-07	6998.20	2009-11	11339.00	2012-05	16714.80	2015-03	22722.81
2007-08	7116.60	2009-12	12610.00	2012-06	16584.90	2015-04	22386.71

日期	社会消费品零售总额	日期	社会消费品零售总额	日期	社会消费品零售总额	日期	社会消费品零售总额
2007-09	7668.40	2010-01	12718.10	2012-07	16314.90	2015-05	24194.82
2007-10	8263.00	2010-02	12334.20	2012-08	16658.90	2015-06	24280.27
2007-11	8104.70	2010-03	11321.70	2012-09	18226.60	2015-07	24338.78
2007-12	9015.30	2010-04	11510.40	2012-10	18933.80	2015-08	24893.36
2008-01	9077.30	2010-05	12455.06	2012-11	18476.70	2015-09	25270.60
2008-02	8354.70	2010-06	12329.90	2012-12	20334.20	2015-10	28278.89
2008-03	8123.20	2010-07	12252.80	2013-03	17641.20	2015-11	27937.35
2008-04	8142.00	2010-08	12569.80	2013-04	17600.30	2015-12	28634.60
2008-05	8703.50	2010-09	13536.50	2013-05	18886.30	2016-03	25114.10
2008-06	8642.00	2010-10	14284.80	2013-06	18826.68	2016-04	24645.80
2008-07	8628.80	2010-11	13910.90	2013-07	18513.16	2016-05	26610.70
2008-08	8767.70	2010-12	15329.50	2013-08	18886.20	2016-06	26857.40
2008-09	9446.50	2011-01	15249.00	2013-09	20653.34	2016-07	26827.40
2008-10	10082.70	2011-02	13769.10	2013-10	21491.30	2016-08	27539.60
2008-11	9790.80	2011-03	13588.00	2013-11	21011.90	2016-09	27976.40
2008-12	10728.50	2011-04	13649.00	2013-12	23059.70	2016-10	31119.20
2009-01	10756.60	2011-05	14696.80	2014-03	19800.55	2016-11	30958.50
2009-02	9323.80	2011-06	14565.10	2014-04	19701.20	2016-12	31756.80
2009-03	9317.60	2011-07	14408.00	2014-05	21249.80		
2009-04	9343.20	2011-08	14705.00	2014-06	21166.45		

资料来源：Wind 资讯。

1. 请选择适当的模型拟合该序列的发展。
2. 检验序列的异方差性，如果存在异方差，请消除异方差性。

第 6 章

多元时间序列
建模与分析

6.1　实　验　目　的

理解协整理论，掌握协整理论与经典计量经济模型、随机时间序列 ARIMA 模型的区别和联系；掌握协整检验的方法以及误差修正模型构建原理，能用 EViews8.0 软件检验变量间的协整关系；掌握协整理论及误差修正模型的应用。

6.2　实　验　原　理

前几章介绍的 ARIMA 模型适合研究单个经济变量的发展变化规律，对于多个经济变量的讨论一般采用经典回归分析。但经验证明，经典回归模型要求所研究的时间序列变量必须是平稳的，否则会出现虚假回归的现象，进而导致拟合的结果不可信，但实际中多数时间序列都是非平稳的。因此，石油危机后，Engle 和 Granger 提出了协整理论，为非平稳时间序列提供了建模途径。协整关系可以简单地表述为多个非平稳时间序列的线性组合序列呈现平稳性。例如，从经济理论上讲，消费和收入都是非平稳时间序列，但它们具有协整关系，如果不具有，长期消费就有可能比收入高或低，那么，消费者会出现非理性消费或积累储蓄的情况。

6.2.1　单整的概念

使用单位根检验判断序列 $\{y_t\}$ 平稳性时，假如检验结果拒绝了原假设，则说明序列 $\{y_t\}$ 平稳，即不存在单位根，此时称序列 $\{y_t\}$ 为零阶单整序列，记为 $y_t \sim I(0)$；假如检验结果没有拒绝原假设，则说明原序列非平稳，即存在单位根。此时我们利用差分运算使之平稳化，如果一阶差分后原序列 $\{y_t\}$ 平稳，说明序列 $\{y_t\}$ 存在 1 个单位根，此时称序列 $\{y_t\}$ 是一阶单整序列，记为 $y_t \sim I(1)$；如果二阶差分后序列 $\{y_t\}$ 平稳，说明序列 $\{y_t\}$ 存在 2 个单位根，此时称序列 $\{y_t\}$ 是二阶单整序列，记为 $y_t \sim I(2)$；如果 d 阶差分后序列 $\{y_t\}$ 平稳，而 $d-1$ 阶差分尚不平稳，说明序列 $\{y_t\}$ 存在 d 个单位根，此时称序列 $\{y_t\}$ 是 d 阶单整序列，记为 $y_t \sim I(d)$。

6.2.2 时间序列单位根检验

由于虚假回归问题的存在，对于时间序列数据，在建模前必须检验其平稳性。第二章介绍的图示法是检验时间序列平稳性的最基本方法。然而，图示法具有简单、直观等优点的同时，有时并不能给出明确的结论，需要进一步使用严格的统计检验法，即假设检验法。接下来将给出针对平稳性检验的严格统计检验方法，即单位根检验法。单位根检验包括多种，这里主要介绍广泛使用的 DF、ADF（DickeyFuller 1979 年提出）和 PP检验。

6.2.2.1 DF 检验

适用条件：主要用于检验一阶自回归模型平稳性。

检验过程如下：

模型形式：
$$y_t = \phi_1 y_{t-1} + \varepsilon_t \tag{6-1}$$

原假设 $H_0: \phi_1 = 1$

备择假设 $H_1: \phi_1 < 1$

选择的统计量为 DF（Dickey-Fuller）：$\tau = \dfrac{\hat{\phi}_1 - 1}{se(\hat{\phi}_1)}$

随着参数 ϕ_1 范围不同，统计量 τ 有不同的分布：①当 $|\phi_1| < 1$ 时，统计量 τ 渐进服从标准正态分布；②当 $\phi_1 = 1$ 时，模型（6-1）是随机游走模型，当 $T \sim \infty$ 时，统计量 τ 的渐进分布是维纳过程的泛函，由于这个极限分布无法用解析的方法求解，通常使用蒙特卡罗模拟和数值计算方法研究 DF 统计量的分布。

DF 检验为左单侧检验，当显著性水平取 α 时，记 τ_α 为 DF 检验的 α 分位点。当 $\tau \leq \tau_\alpha$ 时，拒绝原假设，认为序列 $\{y_t\}$ 显著平稳；当 $\tau > \tau_\alpha$ 时，不拒绝原假设，序列 $\{y_t\}$ 非平稳。

DF 检验模型有三种类型：

第一种类型为无常数均值、无趋势的一阶自回归过程：
$$y_t = \phi_1 y_{t-1} + \varepsilon_t \tag{6-2}$$

第二种类型为有常数均值、无趋势的一阶自回归过程：
$$y_t = \mu + \phi_1 y_{t-1} + \varepsilon_t \tag{6-3}$$

使用时需变换为：
$$y_t - \mu = \phi_1 y_{t-1} + \varepsilon_t \tag{6-4}$$

第三种类型为既有常数均值、又有趋势的一阶自回归过程：
$$y_t = \mu + \beta t + \phi_1 y_{t-1} + \varepsilon_t \tag{6-5}$$

使用时需变换为：
$$y_t - \mu - \beta t = \phi_1 y_{t-1} + \varepsilon_t \tag{6-6}$$

6.2.2.2　ADF 检验

DF 检验只能用于检验由一阶自回归过程生成的时间序列，且残差不存在序列相关性。但在实际问题中，大多数的时间序列不会是一个简单的 AR（1）过程，如果时间序列是高阶自回归过程，则使用 ADF 进行检验。ADF 检验是对 DF 检验的修正。

原假设 H_0：序列 $\{y_t\}$ 非平稳

备择假设 H_1：序列 $\{y_t\}$ 平稳

当 ADF 统计量的 P 值小于给定的显著性水平 α 时，拒绝原假设，认为序列是平稳的。

与 DF 检验一样，ADF 检验也可用于如下三种类型的单位根检验。

第一种类型为无常数均值、无趋势的 P 阶自回归过程：

$$y_t = \phi_1 y_{t-1} + \phi_2 y_{t-2} + \cdots + \phi_p y_{t-p} + \varepsilon_t \tag{6-7}$$

第二种类型为有常数均值、无趋势的 P 阶自回归过程：

$$y_t = \mu + \phi_1 y_{t-1} + \phi_2 y_{t-2} + \cdots + \phi_p y_{t-p} + \varepsilon_t \tag{6-8}$$

第三种类型为既有常数均值、又有趋势的 P 阶自回归过程：

$$y_t = \mu + \beta t + \phi_1 y_{t-1} + \phi_2 y_{t-2} + \cdots + \phi_p y_{t-p} + \varepsilon_t \tag{6-9}$$

6.2.2.3　PP 检验

ADF 检验有一个基本假定：$Var(\varepsilon_t) = \sigma^2$，这使 ADF 检验主要适用于方差齐性的场合，它对于异方差序列的平稳性检验效果不佳。后来 Phillips-Perron 于 1988 年对 ADF 检验进行了非参数修正，提出了 PP 检验统计量。该检验统计量既可以适用于异方差场合的平稳性检验，又服从相应的 ADF 检验统计量的极限分布。

使用 Phillips-Perron 检验时，残差序列 $\{\varepsilon_t\}$ 需要满足如下三个条件：

（1）均值恒为零，即 $E(\varepsilon_t) = 0$；

（2）方差及至少一个高阶矩存在；

（3）非退化极限分布存在。

同 ADF 检验的 t 统计量一样，通过模拟可以给出 PP 统计量在不同显著性水平下的临界值，使我们能够很容易地实施检验。

6.2.3　协整的概念

假定一些指标序列被某系统联系在一起，虽然由于季节影响或随机干扰，这些变量在短期内有可能偏离均值。如果这种偏离是暂时的，那么，随着时间推移将会回到均衡状态，这是建立和检验模型的基本出发点；如果这种偏离是持久的，则不能说这些变量之间存在均衡关系。协整（Co-integration）可被看作这种均衡关系性质的统计表示。

协整概念是一个强有力的概念，因为协整允许我们刻画两个或多个序列之间的平衡或平稳关系。对于每一个序列单独来说可能是非平稳的，这些序列的矩，如均值、方差和协方差随时间变化，而这些时间序列的线性组合序列却可能有不随时间变化的性质。协整理论的提出，使我们能够对现实中非平稳时间序列构建动态回归模型。如果非平稳时间序列具有协整关系，则说明序列之间具有长期均衡关系，残差序列是平稳的，这样将降低虚假回归的可能性。

k 维向量 $Y_t = (y_{1t}, y_{2t}, y_{3t}, \cdots, y_{kt})$ 的分量间被称为 d, b 阶协整，记为 $Y_t \sim CI(d, b)$，如果满足：①要求 Y_t 的每个分量均是 d 阶单整；②存在非零向量 β，使 $\beta' Y_t \sim I(d - b)$，$0 < b \leqslant d$。简称 Y_t 是协整的，其分量间具有协整关系，向量 β 又称为协整向量。

具有协整关系的变量应该具有以下特征：

（1）作为对非平稳变量之间关系的描述，协整向量是不唯一的；

（2）协整变量必须具有相同的单整阶数；

（3）最多可能存在 $k - 1$ 个线性无关的协整向量；

（4）协整变量之间具有共同的趋势成分，在数量关系上成比例。

6.2.4　协整检验

协整关系是否存在的检验思路主要有两种：一是基于回归系数的协整检验，如 Johansen 协整检验；二是基于回归残差的协整检验，如 DF 检验、ADF 检验和 PP 检验等。这里主要介绍 Engle 和 Granger（1987）提出的协整检验方法，这种协整检验方法主要是对非平稳时间序列回归方程残差的平稳性进行检验。它的理论支撑是如果非平稳的解释变量和被解释变量之间存在协整关系，那么非平稳的被解释变量和解释变量的某个线性组合是平稳的。而回归模型右边由解释变量和残差项两部分构成，两者之间存在长期稳定的均衡关系由前半部分解释变量的线性组合所解释，不能被解释变量所解释的部分构成一个残差序列，如果解释变量和被解释变量之间存在协整关系，则这个残差序列应该是平稳的。所以，检验非平稳的解释变量和被解释变量之间是否存在协整关系，相当于检验回归模型的残差序列是否是一个平稳序列。

协整检验的主要步骤如下：

（1）若序列 y_t 和 $x_{1t}, x_{2t}, \cdots, x_{kt}$ 都是一阶单整序列，建立回归模型：

$$y_t = \beta_1 x_{1t} + \beta_2 x_{2t} + \cdots + \beta_k x_{kt} + \varepsilon_t。$$

（2）通过样本数据利用普通最小二乘法估计模型参数得：$\hat{\beta}_1, \hat{\beta}_2, \cdots, \hat{\beta}_k$。

（3）利用公式 $\hat{\varepsilon}_t = y_t - \hat{\beta}_1 x_{1t} - \hat{\beta}_2 x_{2t} - \cdots - \hat{\beta}_k x_{kt}$ 算出模型的残差序列 $\{\hat{\varepsilon}_t\}$。

（4）检验残差序列 $\{\hat{\varepsilon}_t\}$ 的平稳性。

如果残差序列不含有单位根，即平稳的，则可以确定回归模型中的被解释变量和解释变量之间存在协整关系；反之，如果残差序列含有单位根，即不平稳，则说明被解释变量和解释变量之间不存在协整关系。此时，变量之间的回归关系可能是虚假的，即伪回归。

协整检验是针对非平稳时间序列回归模型提出的，协整检验的真正目的是判断时间序列回归模型的设定是否合理和稳定、回归结果是否可信的一种十分重要的方法，其检验机理通过回归模型的形式、变量的平稳性及单整的概念而设定，目前，协整检验方法有多种，本实验主要介绍最常用的协整检验方法。

6.2.5 误差修正模型

误差修正模型（Error Correction Model，ECM）是一种具有特定形式的计量经济模型，若变量间存在长期稳定的协整关系，那么，这种长期稳定关系在短期动态过程的不断调整下会加以维持。变量间存在长期稳定协整关系的原因在于，存在一种误差修正调节过程，以防止长期关系的偏差在规模或数量上扩大。

根据格兰杰定理，如果若干个非平稳变量存在协整关系，则这些变量中必有误差修正模型形式存在。

误差修正模型最初由 Sargan（1964）提出，包括单方程和多方程两种形式，多方程误差修正模型是在向量自回归模型基础上建立起来的，称为向量误差修正模型。下面主要介绍单方程误差修正模型，模型由误差修正项、原变量的差分变量以及随机误差项组成。

设序列 $\{y_t\}$、$\{x_t\}$ 均为 $I(1)$ 序列，并存在协整关系，则最简单的误差修正模型表达式为：

$$\Delta y_t = \beta_0 + \alpha ECM_{t-1} + \beta_2 \Delta x_t + \varepsilon_t \qquad (6-10)$$

最常用的 ECM 模型的估计方法是 Engle 和 Granger（1981）的两步法，其基本思想如下：

第一步是对模型 $y_t = k_0 + k_1 x_t + u_t$ 进行 OLS 估计，得到残差序列，即 ECM 项：

$$\hat{\mu}_t = y_t - \hat{k}_0 - \hat{k}_1 x_t \qquad (6-11)$$

第二步是用 $\hat{u}_{t-1}$ 替换式 ECM 中的 $y_{t-1} - \hat{k}_0 - \hat{k}_1 x_{t-1}$，即用 OLS 方法估计 $\Delta y_t = \beta_0 + \alpha ECM_{t-1} + \beta_2 \Delta x_t + \varepsilon_t$ 的参数。

根据误差修正模型的推导原理，α 值应该为负[①]，误差修正机制应该是一个负反馈过程。

需要注意的是，误差修正模型不再单纯地使用变量的水平值（指变量的原始值）或变量的差分建模，而是把两者有机地结合在一起，充分利用这两者所提供的信息，研究变量之间的长期和短期关系。

6.3 教 学 案 例

【案例 6-1】 表 6-1 为我国某地区 1989～2012 年农村生活消费性支出与人均可支配收入序列，检验序列之间是否存在协整关系。

---

① 如果讨论的是两个序列的协整关系，则必有 α 为负，如果两个以上序列存在协整关系，则 α 不一定为负。

表 6-1　某地区 1989~2012 年农村生活消费支出与人均可支配收入

年份	对数消费支出	对数纯收入	年份	对数消费支出	对数纯收入
1988	4.7545	4.8949	2001	6.4294	6.5633
1989	4.9016	5.0795	2002	6.4919	6.6644
1990	5.0888	5.2538	2003	6.6460	6.8261
1991	5.2512	5.4090	2004	6.9244	7.1074
1992	5.3945	5.5988	2005	7.1781	7.3637
1993	5.5146	5.7359	2006	7.3602	7.5633
1994	5.6124	5.8730	2007	7.3885	7.6450
1995	5.7602	5.9855	2008	7.3717	7.6788
1996	5.8777	6.0493	2009	7.3635	7.7009
1997	5.9872	6.1369	2010	7.4206	7.7202
1998	6.1669	6.3006	2011	7.4622	7.7691
1999	6.2830	6.3994	2012	7.5143	7.8144

1. 建立组对象并导入数据

打开 EViews8.0 界面，单击主菜单"File"文件按钮，然后在下拉菜单中选择"New/Workfile"，出现如图 6-1 所示对话框。

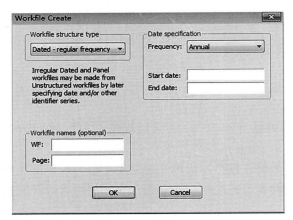

图 6-1　工作文件对话框

在"Workfile structure type"选择默认的时间序列，频率"Frequency"选中年度"Annual"，然后在起始日期"Start date"和终止日期"End date"中分别填入所研究时间序列的具体起止日期，在本例中分别为"1988"和"2012"。然后点击工作文件工具条"Object/New Object"，出现如图 6-2 所示对话框。

"Type of object"选择组对象"Group"，为了便于分析，在"Name for object"输入组对象名字"r"，点"OK"后，在"obs"行中输入解释变量 x 和被解释变量 y，并输入数据。

2. 检验序列的平稳性及单整阶数

单击序列对象 x 工具条的 "View/Graph/Line & Simbol"，得自变量 x 时序图，如图 6-3所示。

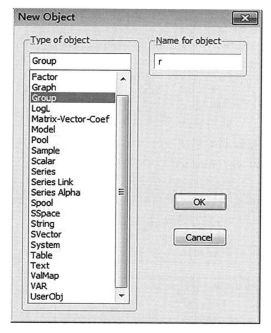

图 6-2　组对象设置

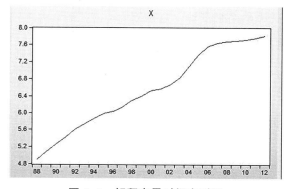

图 6-3　解释变量时间序列图

时序图显示，纯收入序列具有明显的递增趋势，所以初步判定 x 是非平稳序列，为了进一步确定其平稳性，需做 ADF 单位根检验。点击序列对象 x 工具条的 "View/Unit Root Test"，选择 ADF 检验，出现如图 6-4 所示检验结果。

由于 ADF 统计量的 P 值高达 0.7183，大于给定的任何显著性水平，所以不能拒绝原假设，即序列 x 是非平稳序列。为了进一步确定其单整阶数，对 x 的一阶差分序列再做单位根 ADF 检验，检验结果见图 6-5。

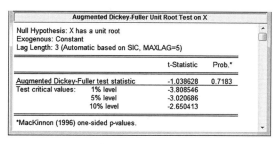

图 6-4　解释变量序列 ADF 检验　　　　图 6-5　解释变量一阶差分序列 ADF 检验

此时，检验统计量所对应的 P 值小于给定的显著性水平 0.05，所以认为农村纯收入 x 是一阶单整序列。接下来，用相同的步骤检验消费支出序列 y 的平稳性及其单整阶数。时序图及 ADF 检验分别见图 6-6、图 6-7 及图 6-8。

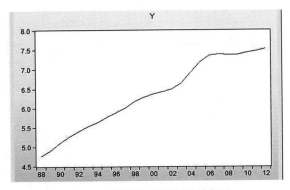

图6-6　被解释变量序列时序图

以上结果显示，y是非平稳序列，但其一阶差分后序列是平稳的，所以序列y也是一阶单整序列。

3. 对消费支出 y 和纯收入 x 建立合适的回归模型

绘制两个变量线性图，双击组对象 r，然后单击其工具条的观察按钮"View"，下拉菜单中选择"Graph/Line & Simbol"：

从图6-9中可以看出，两个变量具有长期共同变化趋势。能反映变量之间关系的是散点图，在组对象"r"窗口中点"View/Graph/Scatter"，结果如图6-10所示。

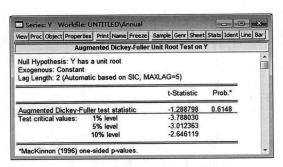

图6-7　被解释变量序列 ADF 检验

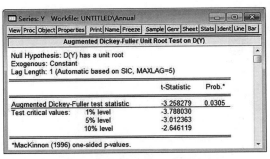

图6-8　被解释变量一阶差分后序列 ADF 检验

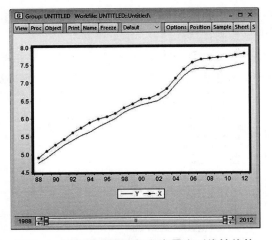

图6-9　被解释变量及解释变量序列线性趋势

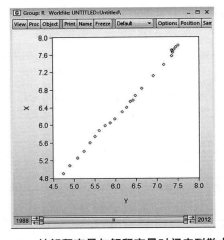

图6-10　被解释变量与解释变量时间序列散点图

x 与 y 的散点图呈线性，所以建立一元线性回归模型比较合适。单击工作文件的"Object"，在下拉菜单中选中"Equation"，如图6-11所示。点击"OK"，出现如图6-12所示对话框。

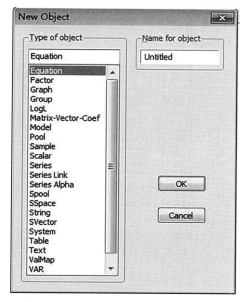

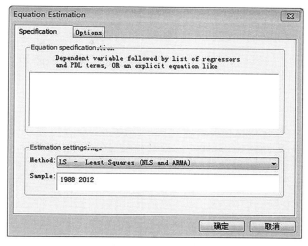

图 6-11　多元时间序列模型对话框菜单　　　　**图 6-12　多元时间序列模型对话框**

在图 6-12 方程框中输入因变量、常数项和自变量，即 y、c、x，回车后得回归结果，如图 6-13 所示。

由于常数项 t 统计量所对应的 P 值大于显著性水平 0.05，因此，没有通过参数的显著性检验，去掉常数项重新拟合，结果如图 6-14 所示。

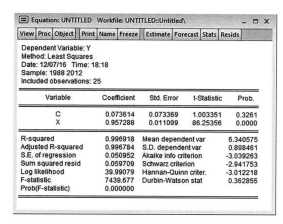

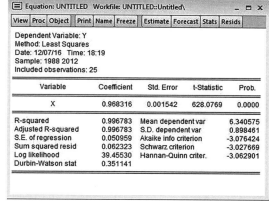

图 6-13　多元时间序列模型输出结果　　　　**图 6-14　多元时间序列模型输出结果**

变量 x 的参数显著性检验拒绝原假设，即显著非零。可决系数高达 0.9967，说明线性回归能很好地拟合样本数据。但由 DW 统计量的值可知，模型存在正自相关，所以要修正模型的自相关性。这里用自回归模型 AR(P) 来消除随机扰动项的自相关。在图 6-15 中方程框中输入"y x ar(1)"，点击"确定"，DW 值增加至 1.51，已无自相关。最后的拟合模型如图 6-16 所示。

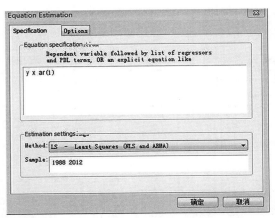

图 6-15　多元时间序列模型自相关的补救措施

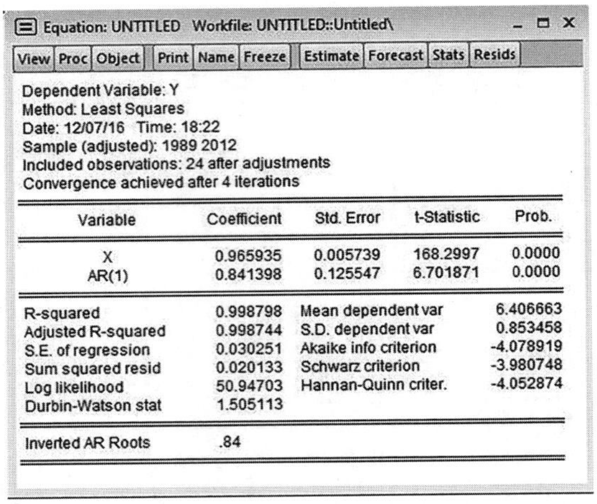

图 6-16　多元时间序列模型消除自相关的输出结果

4. 协整检验

由上述各个指标数值可知，此模型能很好地拟合该地区消费支出和纯收入之间的长期关系。那么，这一关系是否为虚假回归、是否可信，还要根据协整理论进行协整检验。如果序列之间存在协整关系，则上述回归模型的结果可信，可用以下几种方法来进行协整关系检验。

（1）Q 统计量检验。在方程对象的工具条单击"View"，在下拉菜单中选中"ResidualTests/Correlogram-Q-Statistics"。

可以指定残差序列相关的滞后阶数，这里采用默认值 12（见图 6-17）。点击"OK"后，出现如图 6-18 所示残差的纯随机性检验结果。

图 6-17　残差序列相关的滞后阶数

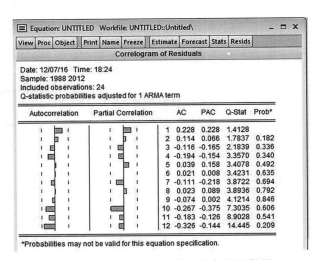

图 6-18　残差序列自相关偏自相关系数图

图 6-18 为残差的自相关和偏自相关函数以及对应于高阶序列相关的 Ljung-Box Q 统

计量。如果均显著地小于给定显著性水平下的 χ^2 分布临界值，残差序列不存在序列相关性，则各阶滞后的自相关和偏自相关值都接近于零，所有 Q 统计量的 P 值应全部大于显著性水平。根据上图中 Q 统计量检验结果可知，上述回归模型的残差项是纯随机序列，因此也一定是平稳序列，所以因变量 y 和自变量 x 存在协整关系。

（2）拉尔朗日乘数检验法。拉尔朗日乘数检验法又称 LM 检验。同样点击方程框的"View"，在下拉菜单中依次选中"Residnal Tests \ Serial Correlation LM Test"，见图 6-19。

选择检验的滞后阶数，默认为 2，检验输出结果如图 6-20 所示。

图 6-19　残差序列相关的 LM 检验滞后阶数

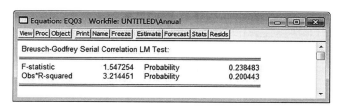

图 6-20　残差序列 LM 检验输出结果

两个统计量对应的概率值远远大于通常给定的显著性水平 0.05，所以不能拒绝原假设，即残差序列不存在序列相关性，为纯随机序列，因此，也是平稳序列，可以判定该回归模型自变量和因变量存在协整关系。

我们也可以先生成残差序列，然后再分析残差序列的平稳性，单击方程框的过程按钮"Proc"，然后在下拉菜单中选中"Make Residual Series"，见图 6-21。

可以重新命名残差序列的名字（Name for resid series），默认名为 resid01，点击"OK"生成残差序列。在新生成的残差序列"resid01"工具条中选择"View/ Unit Root Test"，选择 ADF 检验，检验结果如图 6-22 所示。

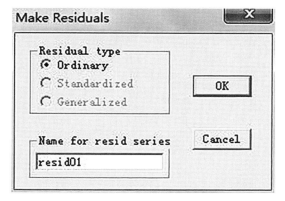

图 6-21　残差序列 LM 检验输出结果

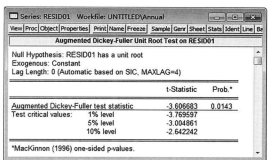

图 6-22　协整检验结果

由于 ADF 统计量所对应的 P 值小于显著性水平 0.05，所以拒绝不平稳的原假设，即认为残差序列平稳，由此也可以判定消费支出序列 y 和纯收入序列 x 之间存在协整关系。

6.4 综合案例

【案例 6-2】 表 6-2 为我国 1950~2015 年全国公共财政收入和公共财政支出统计数据，试根据数据的变动关系建立多元时间序列模型，并判断变量序列在样本区间内是否存在协整关系，同时建立误差修正模型分析短期修正机制。

表 6-2 1950~2015 年全国公共财政收入和公共财政支出统计   单位：亿元

年份	公共财政收入	公共财政支出	年份	公共财政收入	公共财政支出
1950	62.17	68.05	1976	776.58	806.20
1951	124.96	122.07	1977	874.46	843.53
1952	173.94	172.07	1978	1132.26	1122.09
1953	213.24	219.21	1979	1146.38	1281.79
1954	245.17	244.11	1980	1159.93	1228.83
1955	249.27	262.73	1981	1175.79	1138.41
1956	280.19	298.52	1982	1212.33	1229.98
1957	303.20	295.95	1983	1366.95	1409.52
1958	379.62	400.36	1984	1642.86	1701.02
1959	487.12	543.17	1985	2004.82	2004.25
1960	572.29	643.68	1986	2122.01	2204.91
1961	356.06	356.09	1987	2199.35	2262.18
1962	313.55	294.88	1988	2357.24	2491.21
1963	342.25	332.05	1989	2664.90	2823.78
1964	399.54	393.79	1990	2937.10	3083.59
1965	473.32	459.97	1991	3149.48	3386.62
1966	558.71	537.65	1992	3483.37	3742.20
1967	419.36	439.84	1993	4348.95	4642.30
1968	361.25	357.84	1994	5218.10	5792.62
1969	526.76	525.86	1995	6242.20	6823.72
1970	662.90	649.41	1996	7407.99	7937.55
1971	744.73	732.17	1997	8651.14	9233.56
1972	766.56	765.86	1998	9875.95	10798.20
1973	809.67	808.78	1999	11444.10	13187.70
1974	783.14	790.25	2000	13395.20	15886.50
1975	815.61	820.88	2001	16386.00	18902.60

续表

年份	公共财政收入	公共财政支出	年份	公共财政收入	公共财政支出
2002	18903.60	22053.20	2009	68518.30	76299.90
2003	21715.30	24650.00	2010	83101.50	89874.20
2004	26396.50	28486.90	2011	103874.00	109248.00
2005	31649.30	33930.30	2012	117254.00	125953.00
2006	38760.20	40422.70	2013	129210.00	140212.00
2007	51321.80	49781.40	2014	140370.00	151786.00
2008	61330.40	62592.70	2015	152269.00	175878.00

资料来源：Wind 资讯。

1. 建立工作文件

打开 EViews8.0 界面，单击主菜单"File/New/Workfile"，工作文件类型"Workfile structure type"及频率"Frequency"均选择默认，在起始日期"Start date"和终止日期"End date"中分别

图 6-23　包含数据对象的工作文件

填入本例中分别为"1950"和"2015"。输入解释变量 x 和被解释变量 y，得到显示数据对象组成的工作文件，如图 6-23 所示。

2. 变量序列的平稳性检验

（1）时序图检验方法。打开序列 x，单击序列对象 x 工具条的"View/Graph"，出现如图 6-24 所示对话框。点"OK"得自变量 x 时序图，如图 6-25 所示。

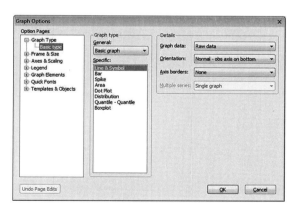

图 6-24　线形图绘制

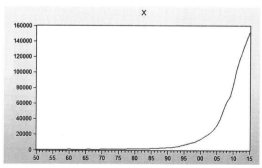

图 6-25　序列 x 时序图

图 6-25 显示，全国公共财政收入序列具有明显的递增趋势，由此初步判定 x 是非平稳序列。同理，使用同样的实验步骤绘制 y 序列的时序图如图 6-26 所示。

图 6-26 显示，全国公共财政支出序列呈现明显的递增趋势，所以初步判定 y 是非平稳序列。

（2）自相关系数检验法。接下来使用自相关系数检验法进一步检验序列是否具有平稳性，点击序列对象 x 工具条 "View/Correlogram"，出现对话框，如图 6-27 所示。

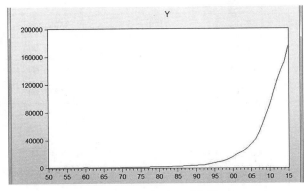

图 6-26　序列 y 时序图

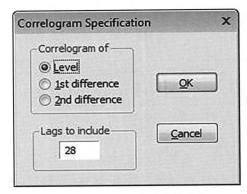

图 6-27　序列 x 滞后阶数确定

对话框需要确定序列的差分阶数、水平值（Level）、一阶差分（1st difference）、二阶差分（2nd difference）以及序列滞后阶数（Lags to include）。

首先，选择原序列，即默认的水平值，点击 "OK" 得自变量 x 自相关系数图和偏自相关系数图，如图 6-28 所示。

由序列 x 自相关系数图显示，自相关系数衰减至零的速度较为缓慢，根据平稳时间序列自相关系数平稳性的短期性可知，x 是非平稳序列。同理，使用相同的实验步骤对 y 序列进行平稳性检验，序列 y 自相关和偏自相关系数图如图 6-29 所示。

Autocorrelation	Partial Correlation		AC	PAC	Q-Stat	Prob
		1	0.884	0.884	53.917	0.000
		2	0.768	-0.057	95.328	0.000
		3	0.655	-0.057	125.90	0.000
		4	0.545	-0.051	147.43	0.000
		5	0.443	-0.038	161.87	0.000
		6	0.362	0.030	171.70	0.000
		7	0.296	0.004	178.36	0.000
		8	0.233	-0.038	182.55	0.000
		9	0.179	-0.010	185.08	0.000
		10	0.141	0.022	186.67	0.000
		11	0.109	-0.000	187.64	0.000
		12	0.082	-0.006	188.20	0.000
		13	0.060	-0.007	188.51	0.000
		14	0.041	-0.014	188.65	0.000
		15	0.023	-0.007	188.70	0.000
		16	0.008	-0.002	188.71	0.000
		17	-0.005	-0.010	188.71	0.000
		18	-0.016	-0.010	188.73	0.000
		19	-0.027	-0.010	188.81	0.000
		20	-0.037	-0.009	188.94	0.000
		21	-0.046	-0.007	189.15	0.000
		22	-0.053	-0.008	189.43	0.000
		23	-0.059	-0.009	189.80	0.000
		24	-0.065	-0.008	190.25	0.000
		25	-0.070	-0.011	190.79	0.000
		26	-0.075	-0.012	191.43	0.000
		27	-0.080	-0.011	192.17	0.000
		28	-0.085	-0.011	193.03	0.000

图 6-28　序列 x 自相关和偏自相关系数图

Autocorrelation	Partial Correlation		AC	PAC	Q-Stat	Prob
		1	0.868	0.868	52.034	0.000
		2	0.754	0.002	91.920	0.000
		3	0.640	-0.061	121.11	0.000
		4	0.531	-0.048	141.53	0.000
		5	0.433	-0.025	155.32	0.000
		6	0.352	0.008	164.61	0.000
		7	0.282	-0.010	170.68	0.000
		8	0.225	-0.001	174.60	0.000
		9	0.180	0.009	177.16	0.000
		10	0.145	0.003	178.84	0.000
		11	0.115	-0.006	179.92	0.000
		12	0.090	-0.007	180.59	0.000
		13	0.067	-0.010	180.97	0.000
		14	0.046	-0.014	181.15	0.000
		15	0.027	-0.009	181.22	0.000
		16	0.010	-0.006	181.23	0.000
		17	-0.004	-0.006	181.23	0.000
		18	-0.016	-0.006	181.25	0.000
		19	-0.026	-0.009	181.32	0.000
		20	-0.036	-0.010	181.44	0.000
		21	-0.045	-0.010	181.64	0.000
		22	-0.052	-0.010	181.92	0.000
		23	-0.059	-0.008	182.28	0.000
		24	-0.064	-0.008	182.73	0.000
		25	-0.070	-0.011	183.26	0.000
		26	-0.074	-0.011	183.88	0.000
		27	-0.080	-0.012	184.61	0.000

图 6-29　序列 y 自相关和偏自相关系数图

由图 6-29 所示，同样可判断序列 y 也是非平稳序列。

（3）单位根检验方法。点击序列对象 x 工具条的 "View/Unit Root Test"，选择默认的

ADF 检验，出现如图 6-30 所示对话框。

单位根 ADF 检验对话框需要说明以下几项：

1）检验类型。在检验类型 "Test type" 的下拉列表中，EViews8.0 提供了 6 种单位根检验的方法，即 Augmented Dickey-Fuller Test（ADF）、Dickey-Fuller GLS Test（DF）、Phillips-Perron Test（PP）、Kwiatkowski, Phillips, Schmidt and Shin Test（KPSS）、Elliot, Rothenberg, and Stock Point OptimalTest（ERS）和 Ng and Perron Test（NP），如图 6-31 所示。

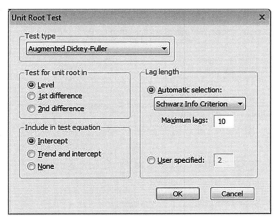

图 6-30　序列 x 的 ADF 检验

图 6-31　单位根检验方法

2）选择差分形式。"Test for unit root in" 中包括序列水平值、一阶差分、二阶差分进行单位根检验。通常从时间序列的原始值即水平值开始检验，如果检验的结果未拒绝原假设，则接下来检验一阶差分序列，如果此时拒绝了原假设，则说明序列是一阶单整的，含有一个单位根，简记为 I（1）；如果一阶差分后的序列单位根检验的结果仍然未拒绝原假设，则需要选择二阶差分进行检验。更高阶差分的单位根检验 EViews8.0 无法实现。

3）定义检验方程中所包含的选项。"Include in test equation" 中默认的是检验回归中只含有常数项，还有同时包含常数和趋势项或者两者都不包含。在实际中，则根据原假设下检验统计量的具体分布来选择其中一种形式。

4）定义序列相关阶数。在 "Lag lenth" 这个选项中，可以选择一些确定消除序列相关所需的滞后阶数的准则。一般而言，EViews 默认 SIC 准则。

定义上述选项后，单击 "OK" 进行检验。EViews 显示检验统计量和估计检验回归，如图 6-32 所示。

单位根检验后，应检查 EViews 显示

Null Hypothesis: X has a unit root
Exogenous: Constant
Lag Length: 10 (Automatic - based on SIC, maxlag=10)

		t-Statistic	Prob.*
Augmented Dickey-Fuller test statistic		3.083984	1.0000
Test critical values:	1% level	-3.555023	
	5% level	-2.915522	
	10% level	-2.595565	

*MacKinnon (1996) one-sided p-values.

图 6-32　X 序列 ADF 检验结果

的估计检验回归，尤其是，如果对滞后算子结构或序列自相关阶数不确定，可以选择不同

的右边变量或滞后阶数来重新检验。

根据检验结果，由于 ADF 统计量对应的 P 值大于给定的显著性水平，所以不能拒绝原假设，即序列 x 是非平稳序列。为了进一步确定其单整阶数，对 x 的一阶差分序列（1st difference）再做 ADF 检验，如图 6-33 所示，x 一阶差分序列 ADF 检验结果见图 6-34。

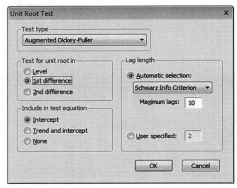

Null Hypothesis: D(X) has a unit root
Exogenous: Constant
Lag Length: 9 (Automatic - based on SIC, maxlag=10)

		t-Statistic	Prob.*
Augmented Dickey-Fuller test statistic		2.705111	1.0000
Test critical values:	1% level	-3.555023	
	5% level	-2.915522	
	10% level	-2.595565	

*MacKinnon (1996) one-sided p-values.

图 6-33　x 一阶差分序列 ADF 检验选择　　　　图 6-34　x 一阶差分序列 ADF 检验结果

根据图 6-34 所示统计量的具体得值，一阶差分后的全国公共财政收入 x 依然是非平稳序列。因此选择二阶差分（2nd difference），实验结果见图 6-35。

结果显示，在显著性水平为 0.05 时，二阶差分序列通过了 ADF 检验，D(x，2) 是平稳序列。所以，x 序列具有 2 个单位根，是二阶单整序列。使用同样的实验步骤确定序列 y 的单整阶数，水平值的检验结果见图 6-36。

Null Hypothesis: D(X,2) has a unit root
Exogenous: Constant
Lag Length: 8 (Automatic - based on SIC, maxlag=10)

		t-Statistic	Prob.*
Augmented Dickey-Fuller test statistic		-4.190638	0.0016
Test critical values:	1% level	-3.555023	
	5% level	-2.915522	
	10% level	-2.595565	

*MacKinnon (1996) one-sided p-values.

图 6-35　x 二阶差分序列 ADF 检验结果

Null Hypothesis: Y has a unit root
Exogenous: Constant
Lag Length: 8 (Automatic - based on SIC, maxlag=10)

		t-Statistic	Prob.*
Augmented Dickey-Fuller test statistic		5.753293	1.0000
Test critical values:	1% level	-3.550396	
	5% level	-2.913549	
	10% level	-2.594521	

*MacKinnon (1996) one-sided p-values.

图 6-36　y 序列 ADF 检验结果

根据 ADF 统计量具体表现可知，不能拒绝原假设，即 y 序列非平稳。继续对其一阶差分序列进行检验，如图 6-37 所示。

可见，一阶差分序列 D(y) 依然是非平稳序列，需要对二阶差分序列进行检验，如图 6-38 所示。

Null Hypothesis: D(Y) has a unit root
Exogenous: Constant
Lag Length: 10 (Automatic - based on SIC, maxlag=10)

		t-Statistic	Prob.*
Augmented Dickey-Fuller test statistic		5.734928	1.0000
Test critical values:	1% level	-3.557472	
	5% level	-2.916566	
	10% level	-2.596116	

*MacKinnon (1996) one-sided p-values.

图 6-37　y 一阶差分序列 ADF 检验结果

Null Hypothesis: D(Y,2) has a unit root
Exogenous: Constant
Lag Length: 4 (Automatic - based on SIC, maxlag=10)

		t-Statistic	Prob.*
Augmented Dickey-Fuller test statistic		-4.754062	0.0002
Test critical values:	1% level	-3.546099	
	5% level	-2.911730	
	10% level	-2.593551	

*MacKinnon (1996) one-sided p-values.

图 6-38　y 二阶差分序列 ADF 检验结果

二阶差分 ADF 检验结果显示，二阶差分序列 D(y，2) 在三个显著性水平下均拒绝原假设，因此，y 序列含有 2 个单位根，是二阶单整序列。所以，序列 x 和序列 y 具有相同的单整阶数。

3. 建立多元时间序列模型

绘制两个变量的散点图，双击组对象 r 工具条的"View"，下拉菜单中选择"Graph/Line"选择"Specific/Scatter"，点击"OK"，如图 6-39 所示。

x 与 y 的散点近似一条直线，所以可以用多元线性时间序列模型来拟合，实现方式有多种，这里介绍具体的实验步骤。

单击工作文件的"Object/Equation"，点击"OK"，在方程框中输入变量序列，使用列表法输入"y c x"，如图 6-40 所示。

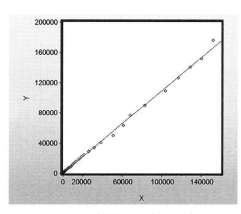

图 6-39　时间序列 x 与 y 散点图

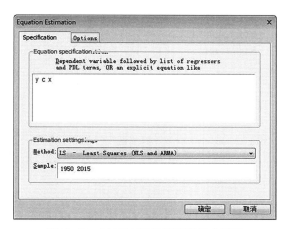

图 6-40　多元时间序列模型形式设定

点击"确定"，得如图 6-41 所示回归结果。

由于常数项 t 统计量所对应的 P 值大于显著性水平 0.05，所以没有通过参数的显著性检验，去掉常数项重新拟合，结果如图 6-42 所示。

Dependent Variable: Y
Method: Least Squares
Date: 02/20/17　Time: 16:09
Sample: 1950 2015
Included observations: 66

Variable	Coefficient	Std. Error	t-Statistic	Prob.
C	-152.8715	234.5852	-0.651667	0.5169
X	1.092512	0.005823	187.6205	0.0000

R-squared	0.998185	Mean dependent var	19222.23
Adjusted R-squared	0.998157	S.D. dependent var	39857.98
S.E. of regression	1711.186	Akaike info criterion	17.75760
Sum squared resid	1.87E+08	Schwarz criterion	17.82395
Log likelihood	-584.0007	Hannan-Quinn criter.	17.78381
F-statistic	35201.44	Durbin-Watson stat	1.106926
Prob(F-statistic)	0.000000		

图 6-41　多元时间序列模型拟合效果

Dependent Variable: Y
Method: Least Squares
Date: 02/20/17　Time: 16:11
Sample: 1950 2015
Included observations: 66

Variable	Coefficient	Std. Error	t-Statistic	Prob.
X	1.090842	0.005205	209.5664	0.0000

R-squared	0.998173	Mean dependent var	19222.23
Adjusted R-squared	0.998173	S.D. dependent var	39857.98
S.E. of regression	1703.596	Akaike info criterion	17.73391
Sum squared resid	1.89E+08	Schwarz criterion	17.76708
Log likelihood	-584.2189	Hannan-Quinn criter.	17.74702
Durbin-Watson stat	1.100619		

图 6-42　多元时间序列模型输出结果

变量 x 的参数显著性检验拒绝原假设，即显著非零。生成残差序列，点击方程对象工具条"Proc/Make Residuals"，显示如图 6-43 所示对话框。

修改序列名称"Name for resid series"，即误差项 ECW，如图 6-44 所示。

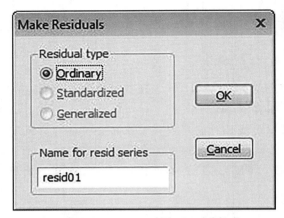

图 6-43 生成残差序列对话框

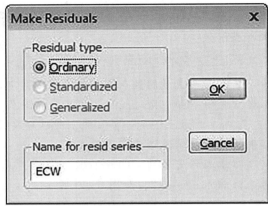

图 6-44 误差修正项的生成

点击"OK",便得到残差序列 ECW,如图 6-45 所示。

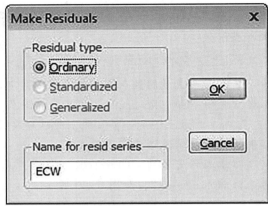

图 6-45 误差修正时间序列数据

4. 协整检验

对于多元时间序列模型拟合结果是否存在虚假回归,需要进行协整检验。首先,绘制两序列趋势图,点击组对象 r 工具条的"View/Graph,选择"Line & Symbol"。

图 6-46 显示,样本区间内,两个时间序列变量具有共同变动的趋势,因此,初步判断两个变量具有协整关系。但要精确判断是否具有协整关系,需要使用统计方法进行检验。这里主要演示 EG 两步法,根据 EG 法原理,首先需要检验残差序列的平稳性。

双击对象"ECW",工具条中选择"View/Unit Root Test",选择 ADF 检验,检验结果如图 6-47 所示。

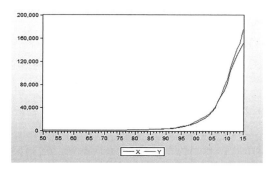

图 6-46　组对象趋势图

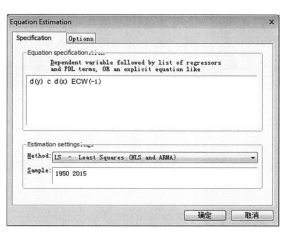

Null Hypothesis: ECW has a unit root
Exogenous: Constant
Lag Length: 10 (Automatic - based on SIC, maxlag=10)

		t-Statistic	Prob.*
Augmented Dickey-Fuller test statistic		-3.713226	0.0065
Test critical values:	1% level	-3.555023	
	5% level	-2.915552	
	10% level	-2.595565	

图 6-47　残差序列 ADF 平稳性检验结果

残差序列 ECW ADF 统计量的 P 值小于 0.05，因此，拒绝序列非平稳的原假设，即残差序列具有平稳性。由此可得出结论，1950～2015 年全国公共财政收入 x 和公共财政支出 y 之间存在稳定的协整关系。

5. 误差修正模型的建立与分析

根据前面的实验步骤，在方程框输入 "d（y）c d（x）　ECW（-1）"，如图 6-48 所示。

点击 "确定"，结果如图 6-49 所示。

去掉不显著的常数项，重新拟合结果如图 6-50 所示。

图 6-48　误差修正模型输入形式

Dependent Variable: D(Y)
Method: Least Squares
Date: 02/20/17　Time: 16:48
Sample (adjusted): 1951 2015
Included observations: 65 after adjustments

Variable	Coefficient	Std. Error	t-Statistic	Prob.
C	94.84562	231.4937	0.409711	0.6834
D(X)	1.030474	0.051544	19.99195	0.0000
ECW(-1)	-0.714631	0.199689	-3.578718	0.0007

R-squared	0.908307	Mean dependent var	2704.765
Adjusted R-squared	0.905349	S.D. dependent var	5384.178
S.E. of regression	1656.464	Akaike info criterion	17.70781
Sum squared resid	1.70E+08	Schwarz criterion	17.80817
Log likelihood	-572.5039	Hannan-Quinn criter.	17.74741
F-statistic	307.0840	Durbin-Watson stat	1.214132
Prob(F-statistic)	0.000000		

图 6-49　误差修正模型输出结果

Dependent Variable: D(Y)
Method: Least Squares
Date: 02/20/17　Time: 16:49
Sample (adjusted): 1951 2015
Included observations: 65 after adjustments

Variable	Coefficient	Std. Error	t-Statistic	Prob.
D(X)	1.039134	0.046699	22.25156	0.0000
ECW(-1)	-0.714102	0.198362	-3.599997	0.0006

R-squared	0.908059	Mean dependent var	2704.765
Adjusted R-squared	0.906599	S.D. dependent var	5384.178
S.E. of regression	1645.488	Akaike info criterion	17.67975
Sum squared resid	1.71E+08	Schwarz criterion	17.74665
Log likelihood	-572.5918	Hannan-Quinn criter.	17.70615
Durbin-Watson stat	1.221022		

图 6-50　修正误差修正模型输出结果

结果表明，系统对非均衡误差的修正速度为 0.71，其经济含义是当我国公共财政收入和公共财政支出偏离均衡状态时，该经济系统的偏离误差将以 0.71 倍强度在下一时期朝均衡点调整。

在本例中，反映我国 1950～2015 年公共财政收入与公共财政支出长期关系和短期关系的模型分别如图 6-49 及图 6-50 所示，即：

$$\hat{Y} = 1.0908X$$
$$(209.5664)$$
$$R^2 = 0.9982 \qquad\qquad (6-12)$$

以及

$$D(\hat{Y}) = 1.0391D(X) - 0.7141ECW(-1)$$
$$(22.2515) \qquad (-3.5999)$$
$$R^2 = 0.9080 \qquad\qquad (6-13)$$

式（6-12）表明，长期来看，我国公共财政收入每增加1亿元，公共财政支出平均增加1.0908亿元，可见，我国财政长期处于赤字状态。式（6-13）中的系数1.0391反映的是两者的短期变化关系，即财政收入的增量每增加1亿元，则财政支出的增量平均增加1.0391亿元。正是财政支出的增加量在短期大于财政收入，从而导致财政支出长期大于财政收入。误差修正项的系数-0.7141符合负反馈机制，即当实际财政支出在上一期偏离其均衡位置时，在本期会以0.7141的力度从相反方向将其拉回，从而保持两者长期的均衡稳定关系。

6.5　练习案例

【练习6-1】　表6-3为我国1978~2008年总进口和总出口统计情况，试根据数据的变动关系确定变量的协整关系，并建立适当回归模型、误差修正模型，然后与这几年的实际数据进行对比得出结论。

表6-3　我国1978~2008年总进口和总出口统计情况

年份	出口	进口	年份	出口	进口
1978	167.6	187.4	1990	2985.8	2574.3
1979	211.7	242.9	1991	3827.1	3398.7
1980	271.2	298.8	1992	4676.3	4443.3
1981	367.6	367.7	1993	5284.8	5986.2
1982	413.8	357.5	1994	10421.8	9960.1
1983	438.3	421.8	1995	12451.8	11048.1
1984	580.5	620.5	1996	12576.4	11557.4
1985	808.9	1257.8	1997	15160.7	11806.5
1986	1082.1	1498.3	1998	15223.6	11626.1
1987	1470.0	1614.2	1999	16159.8	13736.4
1988	1766.7	2055.1	2000	20634.4	18638.8
1989	1956.0	2199.9	2001	22024.4	20159.2

年份	出口	进口	年份	出口	进口
2002	26947.9	24430.3	2006	77594.6	63376.9
2003	36287.9	34159.6	2007	93455.6	73284.6
2004	49103.3	46435.8	2008	100394.7	79526.5
2005	62648.1	54273.7			

【练习 6-2】 表 6-4 为 1978~2008 年中国财政收入和税收的数据，试判断各序列的平稳性及其对数序列的平稳性，如果是同阶单整，检验它们之间是否存在协整关系，如果协整，则建立相应的协整模型和误差修正模型进行分析。

表 6-4 1978~2008 年中国财政收入和税收数据

年份	国家财政决算收入	国家财政决算收入中各项税收	年份	国家财政决算收入	国家财政决算收入中各项税收
1978	1132.26	519.28	1994	5218.10	5126.88
1979	1146.40	537.82	1995	6242.20	6038.04
1980	1159.93	571.70	1996	7407.99	6909.82
1981	1175.80	629.89	1997	8651.14	8234.04
1982	1212.30	700.02	1998	9875.95	9262.80
1983	1367.00	775.59	1999	11444.08	10682.58
1984	1642.90	947.35	2000	13395.23	12581.51
1985	2004.82	2040.79	2001	16386.04	15301.38
1986	2122.00	2090.73	2002	18903.64	17636.45
1987	2199.40	2140.36	2003	21715.25	20017.31
1988	2357.20	2390.47	2004	26396.47	24165.68
1989	2664.90	2727.40	2005	31649.29	28778.54
1990	2937.10	2821.86	2006	38760.20	34804.35
1991	3149.48	2990.17	2007	51321.78	45621.97
1992	3483.37	3296.91	2008	61330.35	54223.79
1993	4348.95	4255.30			